「食」の図書館

ジャガイモの歴史

POTATO: A GLOBAL HISTORY

ANDREW F. SMITH
アンドルー・F・スミス【著】
竹田円【訳】

原書房

目次

序章　立身出世した野菜　7

第1章　南米大陸　11

アンデス——ジャガイモのふるさと　11
スペイン人、ジャガイモに遭遇する　17
チリのジャガイモ　22
ジャガイモが世界の歴史を変える　24

第2章　ジャガイモ、ヨーロッパへ　25

「もっともおいしい根」　25
スペイン　27
イギリス　31
ドイツとロシア　37
フランス　41
世界へ　44

第3章　ジャガイモ飢饉　49

疫病発生　49　　アイルランドのジャガイモ　52
大飢饉　57　　人災　61
無料食堂　65　　ジャガイモ飢饉の余波　68

第4章　世界のジャガイモ料理　73

ポテトサラダ　79
フリッター、パンケーキ、ラトケ　80
ハッシュブラウン、ホームフライ、レシュティ　83
ポテトチップスとフライドポテト　その1　84
マッシュポテト　88　　ポテト・ダンプリング　90
スープ、シチュー、チャウダー　91
ジャガイモパン　95　　現代のジャガイモ料理　96

第5章　ジャガイモ製品あれこれ　99

ルーサー・バーバンク　103

ポテトチップスとフライドポテト　その2　105
フライドポテト問題　111　ポテトチップスの誕生　114
ビッグビジネス　116　その他のジャガイモ製品　120
不健康なジャガイモ　122

第6章　ジャガイモと文化　127

ジャガイモと美術　127　ジャガイモと俗語　131
ジャガイモと遊び　134　ジャガイモと音楽　138
ジャガイモと政治　139

第7章　ジャガイモの今日、そして明日　143

アジアのジャガイモ――インドと中国　144
ジャガイモの研究　150
遺伝子組み換えジャガイモ　152
国際ポテト年　155
ジャガイモの未来　156

謝辞　159
訳者あとがき　163
写真ならびに図版への謝辞　168
参考文献　171
レシピ集　180
注　181

［……］は翻訳者による注記である。

序章◉立身出世した野菜

ジャガイモの歴史――それは名もない貧しい若者の立身出世の物語になぞらえられる。ジャガイモは、コロンブスがアメリカ大陸を発見するはるか昔、南米アンデスの山奥で人知れず産声をあげ、今日こうして世界的な名声を博しているのだから。その成功にはたくさんの理由がある。ジャガイモは、コムギ、コメ、トウモロコシといった主要農作物が育たない、標高の高い、乾燥した土地でもよく育つ。生育期間が非常に短く（75日間）、栽培と収穫に比較的手間がかからない。鋤《すき》1本あれば、植え付け、除草、掘り起こしをすべて行なえる。

ジャガイモは多産でもある。1本の茎から平均約2キロのジャガイモが収穫できるが、生産性はもっと上げられる。ギネス世界記録では、エリック・ジェンキンズというイギリス人が1本の茎から168キロのジャガイモを栽培したと認定されている。

そのうえ栄養分も豊富だ。中くらいの生のジャガイモの熱量はせいぜい100キロカロリーほどだが、ビタミンC、ビタミンB_6、さらに鉄、カリウム、亜鉛などのミネラルが豊富で、皮ごと食べれば食物繊維もたっぷり摂取できる。一方、脂肪やコレステロールは含まれておらず、ナトリウム（ソジウム）も少ない。さっと火を通してヨーグルトやタマネギ、ハーブやサルサなど、低脂肪か無脂肪の素材でつくったソースをかけたり、味付けしたりすれば、健康的でバランスの取れたすばらしい料理になる。

ジャガイモは、簡単に運搬でき、きちんと保管すれば数か月間保存がきく。経済的で、じつに幅広い種類の、あらゆる味、舌触り、香りの料理の素材になる。ゆでても、焼いても、揚げても、蒸しても、ローストしても、さっと炒めてもいい。マッシュポテト、ハッシュドポテト、ふわふわのジャガイモスフレ、ポテトグラタンはいうにおよばず、パンケーキ、ダンプリング［ゆでたジャガイモや小麦粉などを練った団子］、サラダ、スープ、シチュー、チャウダー、セイボリー・プディング［塩味のプディング］の材料にもなる。この汎用性のおかげで、ジャガイモは他のどの野菜よりも消費され、世界的な生産量でいうと、もっとも重要な食物であるコムギとコメに次いで多い。

いまやこれほど重要な食物であるにもかかわらず、16世紀にヨーロッパ人が南米ではじめて遭遇してから、19世紀中頃、ヨーロッパ各地に浸透するまでには数百年かかった。今日世

マッシュポテト味のソーダ

界最大の生産地である中国でも、20世紀半ばまでジャガイモはそれほど普及していなかった。

ジャガイモの立身出世物語の幕開けは、1万2000年前にさかのぼる。

第1章 ◉ 南米大陸

◉アンデス――ジャガイモのふるさと

通説によれば、南北アメリカ大陸に人類が定住したのは1万6000年前、アメリカ先住民の祖先がベーリング海峡を渡ってきたのがはじまりで、その後人類はアメリカ大陸西海岸をすみやかに南下し、約1万4000年前にはチリ南部のモンテベルデに到達したといわれている。[1] こうした初期のアメリカ先住民は狩猟採集民族で、食用に適したさまざまな野生植物を食べて生きていた。その中で南アメリカのほぼ全域、中央アメリカ、そして北アメリカ南西部にまたがる広大な地域に生育していたジャガイモには235の種類があった。現在、栽培品種化されているすべての食用植物の中で、ジャガイモほど数多くの野生種の祖先を誇る植物は他にない。

南米西海岸は南北に細長い砂漠が走り、すぐそばにそびえるアンデス山脈から流れ出す川によって削られた渓谷がこれを横切っている。アンデスは最高峰級の山々を擁する地球最長の大山脈だ。東麓には緑豊かな熱帯雨林が広り、細切れになった地形の中で気候は細かく分断され、砂漠、肥沃な渓谷、ジャングル、氷河といった多様な環境が存在する。

アンデス山中に平らな土地や肥沃な土壌はほとんどないが、アンデスの農民たちは山の斜面にテラス状の段々畑をつくり、灌漑用水路を建設し、およそ70の植物を栽培化［野生植物を人間に有益な作物となるように改変すること］した——これは、ヨーロッパ、もしくはアジア全域で栽培化された植物の数にほぼ等しい。そのうち25種類が塊茎《かいけい》［地下茎の養分を蓄えて肥大した部分。いわゆるイモ］植物ないしは根菜作物で、ピリッと辛いアニュス（マシュア *tropaeolum tuberosum*）、ラディッシュに似ているマカ（*Lepidium meyenii*）、色鮮やかなオカ（*Oxalis tuberosa*）、ウルコ（*Ullucus tuberosus*）、そして7種類のジャガイモの仲間（そのひとつがもっとも重要なジャガイモ *Solanum tuberosum*）などがあった。

根菜植物の多くは現在も南米で栽培され市場にも出回っている。しかし、唯一 *S.tuberosum*——「普通ジャガイモ」——だけが名もない端役から一転、世界的なスターの座に躍り出たのだった。

紀元前1万年頃、おそらくチチカカ湖盆地で、アンデスの農民たちが *S.tuberosum* の栽培化に成功したといわれている。世界中でもっとも農業に不向きなこの土地で、ジャガイモは人間の主食となった。アンデスの夏は、日中暖かく夜は寒い。日中の暖かさは地上に出ている茎の成長を、夜の寒さは根の成長を促すため、ジャガイモには適していた。

アンデスの農民たちは試行錯誤を繰り返すうちに、ジャガイモは種子をまくか、塊茎から出た芽を植えれば増やせると気づいた。ジャガイモにはプチトマトほどの大きさの果実が成るが、かならず成るわけではない。しかも果実の種子から育てたジャガイモの実は、形も色も大きさも味もばらばらなので、アンデスの農民は、気に入ったジャガイモを見つけたらその塊茎、つまり元の苗のクローンを植えてその系統を残した。こうして、コロンブスが来る以前の南米先住民たちはおよそ200種類のジャガイモを栽培していた。その後、何千種類にもおよぶ新種がつくり出され、ジャガイモは世界でもっとも品種の多い栽培作物のひとつになった。

栽培化されたジャガイモの中でアンデスの主要品種だったものが、アンディジェナジャガイモ（*S.t.andigena*）だった。これは感光性植物で、夜が長い低緯度地方（赤道付近）でしか塊茎が形成されない。塊茎は大きく、丸く、均等で、くぼんだ「目（芽）」があり、でんぷん含有量が高い。谷や、山の斜面に切り拓かれた狭い共同の畑で栽培されていた。農民た

チューニョは、先史時代、アンデス山脈に住む人々が編み出した乾燥ジャガイモの保存法。

ちはリャマやアルパカなど荷役用の家畜の糞を堆肥にし、標高ごとに異なる種類のジャガイモを植えたため、1年を通してジャガイモを植え付けたり収穫したりできた。岩がちな土壌にジャガイモを植え付けるために木の鋤や掘り棒を使ったが、これらの道具は火で焼きを入れたり、先端を銅で覆うなどして硬くしたものである。収穫には手斧を使った。

収穫したジャガイモは、理想的な状態で保存しても、数か月もすれば芽が出たり、簡単に黴《かび》が生えたり腐ったりする。ところが南米の原住民たちは、飢饉時の非常食として何年間もジャガイモを備蓄する方法を考え出した。これは、冷涼で乾燥したアルティプラーノ（アンデス高原地帯）の気候だからこそ可能な方法だった。まず、掘り起こしたジャガイモに露が降りないように覆いをかぶせて氷点下の戸外で一晩放置する。翌日ジャガイモを日にあて、一家総出で——男も女も子供も——凍ったジャガイモを踏みつけて水分を絞り出す。この作業を何日も何度も繰り返す。こうして凍結乾燥させた

チューニョ。ペルーやボリビアに暮らすケチュア族やアイマラ族はいまもつくる。

ジャガイモ「チューニョ」は、密封され、一年中氷点下の地下倉庫で傷むまで数年間保存された。

チューニョは、挽いて粉にしたものを焼いてパンにしたり、水で戻して、手近にある肉や野菜を煮込んだ「チュペ」というスープやシチューのとろみをつけるのに利用したりした。ジャガイモやチューニョはリャマの背に積んでアルティプラーノから標高の低い地域に運び、市場でトウモロコシ、マニオク［キャッサバ、イモノキともいう。デンプン質の根を持つ植物］、コカやその他の食物と交換した。チューニョは、インカ帝国が興る前に最大の王国だったチムーでは墓にも供えられていた。あの世を旅する故人にひもじい思いをさせないためであろう。

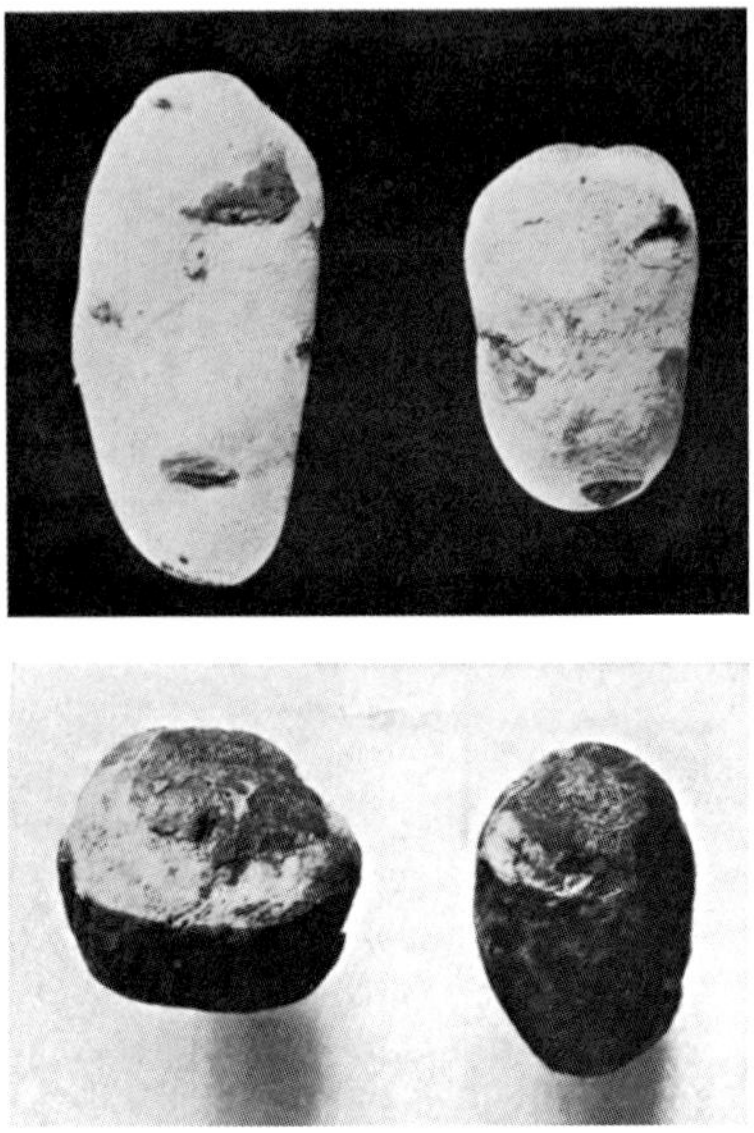

凍らせ乾燥させたジャガイモ。ペルーとボリビアの一般的なチューニョ。写真上の白いものはトゥンタ。チューニョよりつくるのにさらに手間がかかる。

アンデス文明の起源は４５００年ほど前にさかのぼる。すでにこの時代の土器にも、そしてモチェ、チムー、ナスカなど、インカ人が進出する前に繁栄し滅んだ王国から出土した土器にも、ジャガイモを象《かたど》ったものがある。紀元１２００年頃、クスコ周辺の少数部族だったインカ人は小規模な王国を築き、しだいにアンデス山脈の近隣部族を吸収していった。15世紀中頃には帝国となり、周辺地域を次々と征服して急速に領土を拡大した。最盛期には現在のチリ中央部からコロンビア南端までおよそ３２００キロに広がる領土と、９００万から１５００万といわれる人口（多数の民族によって構成されていた）を誇った。インカ人は、自分たちの帝国をタワンティン・スウユ（海岸、高原、山、密林から成る「4つの邦」という意味）と呼んだ。

インカ帝国では耕作地は共同体のものだった。税金はなかったが、男性には土木事業に従事する義務が課せられ、道路、要塞、記念碑、神殿の建設、領土内の迅速な通信・商業活動を可能にした主要道路や歩道の整備に駆り出された。広大な国の倉庫の建設と管理も任されていた。倉庫には数年間の飢饉であれば持ちこたえられるだけのチューニョが蓄えられていた。インカ帝国のもっとも重要な農作物は、ケチュア語（インカの公用語）で「パパ」と呼ばれたジャガイモだった。

◉スペイン人、ジャガイモに遭遇する

広大な領土と威容を誇ったにもかかわらず、インカ帝国は建国からわずか100年でスペイン人に征服された。本格的な侵略がはじまったのは1532年だが、スペイン人の征服者（コンキスタドール）たちが南米大陸の中央部に到達する前からすでに、インカ人は新世界にやってきたヨーロッパ人に苦しめられていた。ヨーロッパ人が、アメリカの先住民には免疫がない病気を運んできたからだ。

ヨーロッパ人が南米大陸に上陸してまもなく、多数の先住民が天然痘、はしか、腸チフス、インフルエンザ、マラリア、百日咳といった病気に斃《たお》れた。これらヨーロッパの病気は1520年代にはインカ帝国にも広まり、スペイン人がアンデス地方にやってくる直前には、疫病によって皇帝とその跡継ぎをはじめ多くの首長が亡くなっていた。最終的にインカ帝国の全人口のおよそ3分の1から2分の1が殺人ウィルスの犠牲になったといわれる。生き残った人々もすっかり意気消沈し、そのおかげでスペイン人は比較的容易にインカを征服できた。

ジャガイモにはじめて遭遇したヨーロッパ人はフランシスコ・ピサロ［1475頃～1541］とその遠征隊だろう。ピサロは1510年頃に新世界に来た。その後、バスコ・ヌーニェス・デ・バルボア［1475～1519。探検家、植民地政治家］の部下としてバルボアの遠征隊に加わり、パナマ地峡を横断し、太平洋に到達した。その後ピサロはあらたに建設されたスペインの植民地パナマシティのアルカルデ（市長）になった。

1522年、ひとりのスペイン人探検家が、コロンビア中央部の探検から、ピル（のちに訛って「ペルー」になった）という川の近くに黄金郷があるという報せを持ち帰った。この話はピサロを夢中にさせた。2年後、ピサロは最初の遠征に出発する。豊かな財宝があるという王国を求めて南米大陸の西岸沿いに行なわれた2度の遠征は不首尾に終わったが、

1532年には3回目となる遠征を行ない、約200名の手勢を率いてペルーに侵入した。その後8000人の武装した精鋭部隊によってインカ帝国を征服した。

ピサロは間違いなくジャガイモに遭遇しているはずだが、彼もその部下もジャガイモについては何も書き残していない。スペイン語によるジャガイモの最初の記録は、その数年後にヒメネス・デ・ケサーダがサンタ・マルタからカリブ海沿岸を通ってヌエバ・グラナダ（現在のコロンビア）の内陸部へ遠征を行なったときのものだ。1537年、ケサーダの遠征隊はボゴタ、続いてチブチャ王国の首都を占領した。『新グラナダ王国史 *Historia del Nuevo Reino de Granada*』を著したフアン・デ・カステリャノスによると、遠征隊は現在のエクアドルとの国境付近にあるグリタという谷で、「卵ほどの大きさの、ほぼ丸か楕円型をした」小さなこぶ状の根を持つ「トリュフ」を発見した。「白、紫、または黄色い色の根で、とてもおいしい。インディオたちに贈るとたいへん喜ばれる。スペイン人にとってもたいしたごちそうである」と記されている。これが書かれたのは1601年より後だが、遠征の正確な報告に基づいているのでジャガイモに関する最初の記録と考えていいだろう。

1550年代初頭の出版物にもジャガイモに関する言及が見られる。ひとつは、1532年にペルーに到着したペドロ・シエサ・デ・レオンによる（ただし体験がつづられたのは1550年以降）『ペルー年代記 *Parte Primera de la crónica del Peru*』（1553年）

で、「パパ」はインカの主食だとある。もうひとつがフランシスコ・デ・ラ・ゴマラの『新大陸概史 *Historia General de las Indias*』（1553年）で、ボリビアの人々はトリュフに似た植物の根を食べている、「彼らはそれをパパと呼ぶ」とある。

1539年、クスコでインカの皇女とスペイン人の間に生まれたガルシラソ・デ・ラ・ベガは、『インカ皇統紀』（牛島信明訳。岩波書店）で、ジャガイモ（「パパ」）は主食であり、インカではパンのように食べられており、ゆでても焼いてもよい、シチューにも入れられると述べている。ジャガイモに関する稀少な記録には、インカの王族の子孫ポマ・デ・アヤラが書き残したものもある。16世紀後半、アヤラはスペインの支配下にあるペルー人の暮らしを記録しはじめ、1615年頃にまとめて当時のスペイン王に送ったが、この書簡はその後数百年間行方がわからなくなっていた。

アヤラは、ジャガイモについて何度も言及し、たくさんの種類があるといっている。「ジャガイモには大きいものも小さいものもある。あたらしい種、早生種、平たい形のもの、白くておいしいものもある。凍らせたり、貯蔵したりする」。書簡には、インカの人々がジャガイモを植え付けたり、畑を耕したり、栽培したり、収穫したりする様子を描いた挿絵も含まれていた。

1571年にスペインからペルーに派遣されたイエズス会士ホセ・デ・アコスタは、南

ポマ・デ・アヤラが描いた、インカ人のジャガイモ収穫の様子。17世紀初頭の書簡に挿入されたもの。左の男が踏み鋤で作物を掘り起こし、女たちが鎌で土塊を砕き、イモを貯蔵所へ運んでいる。

北アメリカ大陸に関するあらゆる資料に目を通していた。アメリカ滞在中は自分の観察に基づいてさまざまな記録を取り、のちにそれを『新大陸自然文化史』(増田義郎訳。岩波書店)にまとめて1590年に出版した。アコスタは著書で、ジャガイモはインディオの主食であると伝えている。

さらに充実した記録を残したのが17世紀初頭ペルーに滞在したイエズス会宣教師ベルナーベ・コボで、彼も博物誌を著した。1653年、コボは、ジャガイモは掘ったばかりなら生でも食べられる、貯蔵したものは焼くか、シチューに入れると記している。また、収穫後すぐに食べないときは、夜は凍らせ、昼は太陽の光にさらし、柔らかくなったイモから水分を搾り取って保存している様子も観察している。また、こうしてつくったチューニョは焼いてから挽いて粉にするとも述べている。

●チリのジャガイモ

ジャガイモはチリ中央部でも栽培化された。この品種こそ、今日*Solanum tuberosum tuberosum*と呼ばれるもので、日が長い高緯度地域でも塊茎を形成する特性があるため、南米の沿岸部やチリ沿岸沖のチロエ諸島で栽培が可能だった。イギリスの私掠船船長サー・フランシス・ドレークは、1577年、2年がかりの世界周航の途中でチロエ島を訪れたとき、先住民からジャガイモを譲り受けた。さまざまな情報源から、ドレークはジャガイモを船に積んで太平洋を横断し、アフリカの角［アフリカ東端］を回ってヨーロッパに伝えた最初の人物ということになっている。

しかしレドクリフ・サラマンは、著書『ジャガイモの歴史と社会的影響 *History and Social Influence of the Potato*』で、ジャガイモは長い航海の途中で腐ってしまったはずだと指摘し、この俗説を喝破している。もちろん、ヨーロッパからの旅行者がジャガイモの種を船で運んだ可能性もじゅうぶん考えられるが、サラマンは、ジャガイモの繁殖に関するヨーロッパの初期の記録には例外なく、ジャガイモは塊茎から育つと書かれていると指摘する。

サラマンは、*S.t.tuberosum* 種がヨーロッパに伝わったのは17世紀中頃を過ぎてからで、広く栽培されるようになったのは19世紀初頭以降と結論している。このようにスタートは遅かったが、現在南北アメリカ大陸以外の場所で栽培されているジャガイモはほとんど *S.t.tuberosum* 種であり、アンディジェナジャガイモはベネズエラからアルゼンチンにかけての山岳地帯と、中央アメリカおよびメキシコでしか商業的には栽培されていない。

◉ジャガイモが世界の歴史を変える

スペインは、南米の多くの地域を征服した後もジャガイモの栽培を奨励し、税をチューニョによって取り立て、集めたチューニョで道路、教会、都市を建設する労働者たちの食事を賄った。銀鉱山労働者の食事はほとんどチューニョばかりだった。1546年、スペイン人はボリビア、ポトシの山中で銀の豊かな鉱脈を発見し、数十万人の現地民を徴用して銀を採掘させた。彼らの多くは過酷な労働と水銀中毒のために命を落とした。現地民労働者が不足すると、スペイン人は3万人の奴隷をアフリカから連れてきて鉱山で働かせた。およそ800万人の現地民と奴隷がポトシ鉱山で犠牲になったといわれている。1556年から1783年までに採掘された銀は4万800トンを超え、大半がスペイン本国に輸送された。

歴史家ウィリアム・マクニールはこの悲劇から、16世紀と17世紀、軍事力にものをいわせて世界で幅を利かせたスペインの国力を支えたのはジャガイモだった、つまり、労働者たちの腹を満たしたジャガイモが世界史を劇的に変えたと洞察している。マクニールは、ジャガイモは18世紀中頃ふたたび歴史を変えることになると宣言している。ジャガイモは、ヨーロッパ北部の急激な人口増加を焚きつける燃料の役割を果たし、この爆発的な人口増加によって西ヨーロッパ諸国は世界を植民地化することができた、と。

第2章◉ジャガイモ、ヨーロッパへ

◉「もっともおいしい根」

スペイン人探検家たちは、カリブ海諸島で多数の未知なる植物に遭遇した。その中に、タイノ族というインディオがバタタと呼ぶ塊根《かいこん》を持つ植物があった。インディオは、この根を焼いて食べたり、加工してパンをつくったりしていた。このデンプン質の食物を口にしたスペイン人たちは、自分たちの発見について熱烈な報告を故国に書き送った。他ならぬクリストファー・コロンブスも、ヤムイモ（*Dioscorea*）に似たこの根はクリのような味がするといっている

16世紀初頭の記録に、この植物は「味は生のクリに似ているが、こちらのほうが少々甘い」

というものもある。カリブ海諸島を訪れたある人は、バタタはうまく調理するとマジパン［砂糖とアーモンドを挽いて練り合わせたお菓子］そっくりの味になるといっている。また、焼くと蜂蜜のように甘くなるという人もいた。この植物は生育が早く、根は数か月間保存できることから、航海用の食料には理想的だった（さらに、バタタには催淫効果があるともスペイン人は考えていた）。この塊根は、新世界の食べものの中でもヨーロッパでまっさきに取り入れられた野菜となった。

このあらたに発見された植物について最初に書き記したイギリス人は、奴隷商人で冒険家でもあったジョン・ホーキンスだった。彼は、1565年にカリブ海諸島でパタタに遭遇した。ホーキンスはパタタ patata をポテト potato と改め、「食べられる根の中でもっともおいしい」といった。また、ヨーロッパ人になじみの深い野菜と比較して「パースニップ［ニンジンに似た根菜。煮込み料理によく使われる］やニンジンをはるかに凌ぐ」と述べてもいる。当時、ポテトは、イギリス諸島には容易に根付かなかったが、1576年までイギリスとイベリア半島の間でさかんにやり取りされた。

ウィリアム・ハリソンは『イングランドの描写 *Description of England*』（1577年）で、ポテトは「情欲をかきたてる根」である——すなわち催淫効果がある——と主張し、トーマス・ドーソンは『よき主婦の宝 *The Good Huswives Iewell*』（1587年）で「ポタトゥム」

のレシピを載せ、読者にポタトゥムは「男性にも女性にも精を付ける」と請け合っている。シェイクスピアの喜劇『ウィンザーの陽気な女房たち』では、主人公の好色な騎士フォルスタッフが「天よ、ポテトを雨と降らせよ」というが、これもその催淫作用に対するほのめかしだ。

この大人気の塊根は、じつはサツマイモ（*Ipomoea batatas*）だった。サツマイモは、植物学的にはジャガイモとまったく関係ないのだが、ヨーロッパ人はジャガイモに遭遇したとき、同じ名前をつけ、同じように催淫効果があると考えた。そのためジャガイモも16世紀から17世紀にかけて比較的すみやかに普及した。

◉スペイン

1573年、スペイン南部セビリアの病院でジャガイモが供せられていたという記録があるので、このときすでにジャガイモがヨーロッパに伝わっていたとわかる。しかしジャガイモがどこからやってきたのか、正確なところはわからない。南米の西海岸で船に積み込まれたジャガイモは、ヨーロッパに到着する前にすっかり腐ってしまったはずだ。

歴史家のレドクリフ・サラマンは、この謎に対して次のような仮説を立てている。サラマ

サツマイモの茎と塊茎（印刷。1800～1860年）

ンの著書『ジャガイモの歴史と社会的影響』によると、ジャガイモは、もともとカリブ海諸島には生育していなかった。しかし、1549年には、カリブ海沿岸のカルタヘナの市場でコロンビアのアンデス産のジャガイモが出回っている。ジャガイモは、長い船旅を強いられる船乗りたちには理想の食料だったが、船がスペイン領にたどり着けば、食べきれなかった分は投棄されただろう。したがって、南米以外で*S. tuberosum*の最初の記録が残されているのが、アメリカ大陸とヨーロッパ間を行き来する船の中継地だったカナリア諸島［アフリカ大陸北西沿岸沖にある群島］であるのは不思議ではない。ジャガイモは、1560年代頃にはカナリア諸島からヨーロッパへ輸出されるようになっていた。

アンディジェナジャガイモ——ペルーで栽培化されていた品種——の生育には、冷涼多湿の気候がもっとも適していたため、スペイン南部の暑く、乾燥した地域には根付かなかっただろう。しかしここにはヨーロッパでおそらく最初のジャガイモの記録が残っている。ジャガイモは、スペインに到着してすぐにイタリアへ伝わり、かの高級食材と形がよく似ていることから最初はtaratouffli（トリュフ）と呼ばれていた。ジャガイモは北や東の国々にも普及し、それぞれの国で、イタリア語の呼び名を変形して呼ばれるようになった。スイスではtarteuffel、古フランス語ではcartoufle、ドイツ語ではTaratouphli（のちにKartoffel）、ロシア語ではkartoshkaと呼ばれた。

アメリカ大陸の富、とくにペルーのポトシ鉱山から採掘される銀でスペインは軍備を増強し、ヨーロッパのほぼ全域をおよそ１００年間支配することができた。スペインは、ネーデルランド［現在のベルギー、オランダ、ルクセンブルクにあたる地域に存在した諸邦群］と戦争をしていたとき、自国から、イタリア北部、ドイツ南西部、フランス南東部を通って現在のベルギーに至る補給線を築いた。スペイン軍はジャガイモとともに進軍し、補給線沿いに住む農民はジャガイモを栽培して、通りかかった戦闘部隊や補給部隊に売った。ジャガイモは１５７０年代にはイタリアで、１５８１年までにドイツで、そしてそのすぐ後にスイス、フランス、ネーデルランドで栽培されるようになった。

17世紀、ジャガイモは農作物として、とくにライムギの代用作物として栽培されるようになった。ジャガイモはすぐれた輪作作物だった。農民たちは1年間土地を休ませる代わりに、ジャガイモを植えた（ジャガイモはライムギとは異なる養分を土壌から吸収し、異なる虫を惹きつけ、連作障害を予防する）。当時は知られていなかったが、栄養面でもすぐれており、重量あたりのカロリーはライムギの4倍に相当した。ジャガイモは、ヨーロッパ北部の環境にうまく適応した。さまざまな土壌に根付き、簡単な道具で容易に栽培でき、3～4か月もあれば栄養価の高い実をどっさりつけた。

◉イギリス

いつ、どのようにジャガイモがイギリスに伝わったのかは推測の域を出ない。1578年、フランシス・ドレークがチリからイギリスまでジャガイモを運んだという説がある。たしかにドレークはチリ沿岸沖の島で原住民からジャガイモを手に入れている。しかし、彼が地球を一周してイギリスに戻るまでにジャガイモは傷んでしまっただろう。ドレークは、その後1586年にはカルタヘナ（現在コロンビアの都市）を襲撃している。その街でももちろんジャガイモは手に入っただろうが、ドレークが自分の船にジャガイモを食料として積み込み、数か月後イギリスに持ち帰ったという記録はない。

1588年、エリザベス1世の寵臣ウォルター・ローリーがカリブ海諸島からイギリスにジャガイモを持ち帰り、アイルランドの地所で栽培したという俗説もある。ローリー自身はカリブ海諸島を訪れてはいないが、イギリスの北米最初の植民地ロアノーク島への遠征に出資している。しかし、当時北米にジャガイモは生えていない。

間違いなくジャガイモについて言及している最初の印刷物は、ジョン・ジェラード［1545～1611］の『植物カタログ *Catalogus Arborum*』（1596年）だ。ジェラードはジャガイモに Papus orbiculatus（orbiculatus は「円盤型」または「円形」という意味）

ジョン・ジェラード（1545〜1611）。『本草学』（1597年）初版の口絵［ジェラードが手にしているのはジャガイモの花］。

とPapus Hyspanorum（Hyspanorum は「スペインの」という意味）というふたつのラテン名をつけている。１５９９年の改訂版では「バスタード・ポテト」と「スパニッシュ・ポテト」という英語名もつけた。１５９７年に出版された『本草学、あるいは一般植物誌 *Great Herball, or General Historie of Plantes*』では、自分の庭園でジャガイモを育て、それらが「原産地と同じようにすくすく」育ったとある。続けてジェラードは次のように述べている。

先住民たちはこの植物をパプス（根という意味）と呼んでいる。彼らの国では普通のジャガイモもパプスと呼ばれている。私たちはこれに正しい名前を与えよう。このイモは、ジャガイモと同じ姿、形だけでなく、おいしい味も長所も備えている。したがって、私たちはこれをアメリカのジャガイモ、もしくはバージニアのジャガイモと呼ぶことにしよう。

実際のところ、当時バージニアにジャガイモは生育していなかった。ということは、ジェラードは原産地を勘違いしているか、別の植物と混同しているのだ。当時ヨーロッパで非常に人気があったキクイモ（*Helianthus tuberosus*）などの塊茎植物は北米東部にたくさん生えていたので、これと混同したものと思われる。

ジェラードのジャガイモに関する知識は――そしておそらくジャガイモそのものも――フランドルの植物学者で薬草学者でもあるシャルル・ド・レクリューズ（カルロス・クルシウス）から譲り受けたものだった。クルシウスによると、ベルギーのワロンの領主で、モンスの知事でもあったフィリップ・ド・シヴリーが、ベルギーに滞在していたローマ教皇特使からいくつかのジャガイモを拝領した。ド・シヴリーは、当時ウィーンで植物学を修めていたクルシウスにふたつの塊茎を送り、クルシウスはそれらをPapas peruanum［ペルーのイモという意味］と特定した。1590年には、ジャガイモはブレスラウ（現在のポーランドの都市ヴロツワフ）に根付いている。ジャガイモの最初の絵はこれを元に描かれた。

1597年、著書『植物図鑑 *Phytopinax*』で、ジャガイモに *Solanum tuberosum* という「正しい」科学的な名前を与えたのは、スイスの植物学者ギャスパール・ボアンだった。ボアンはのちにこの名を *S.t.tuberosum* という3語名とし、1753年、分類学の父といわれるカール・リンネは、ボアンが考えた名前をそのままジャガイモの公式名にした。「*Solanum tuberosum* 群の *tuberosum*」は、すべすべした皮をしており、水分を多く含むチリ沿岸原産のジャガイモの種を指す。スペイン人がチリを完全に征服したのは1565年のことであり、マゼラン海峡を通ってチリとスペインを定期的に行き来する航路ができたのはさらにその

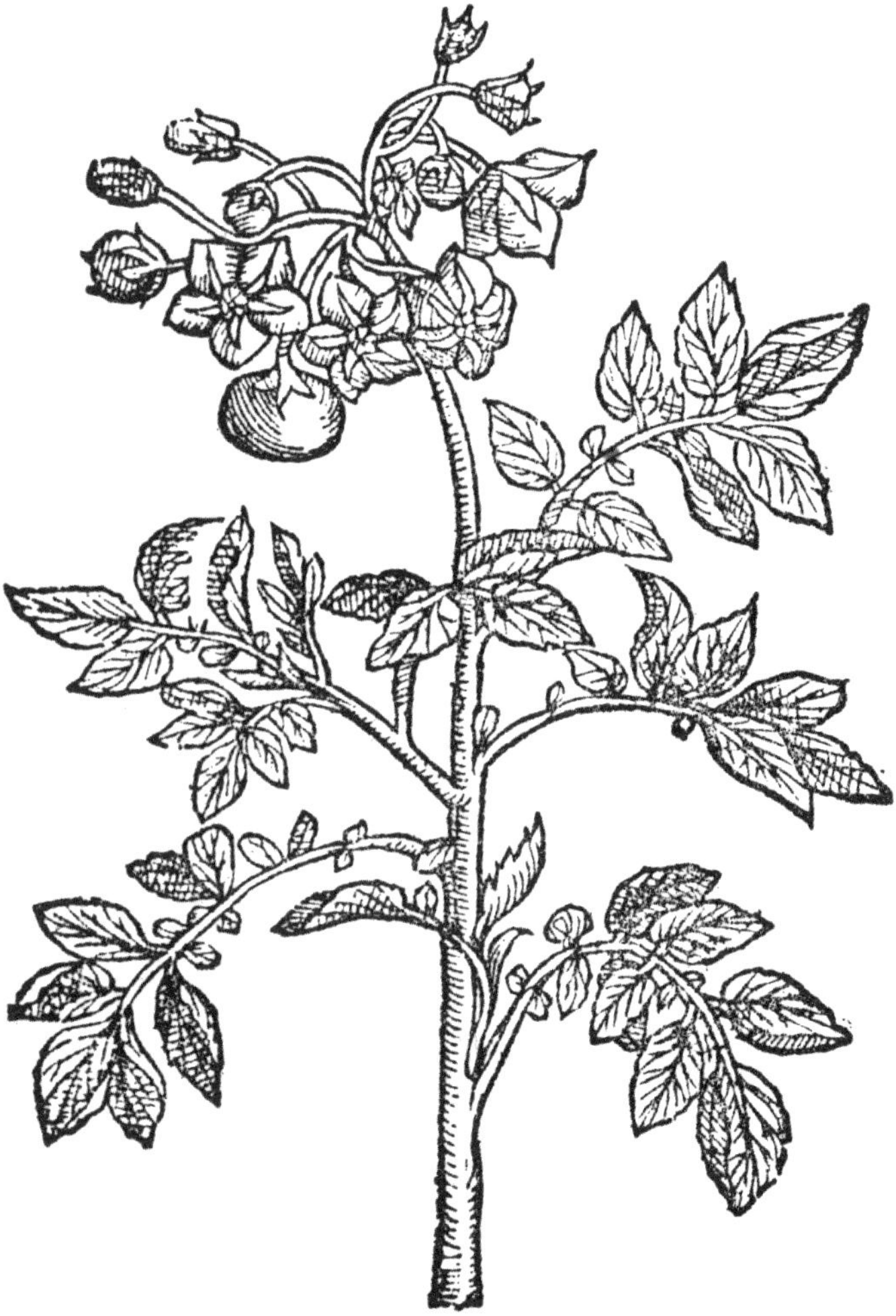

ジョン・ジェラードの「バージニア・ポテト」『本草書』（1597年）より。ジャガイモの最初の絵として知られる。

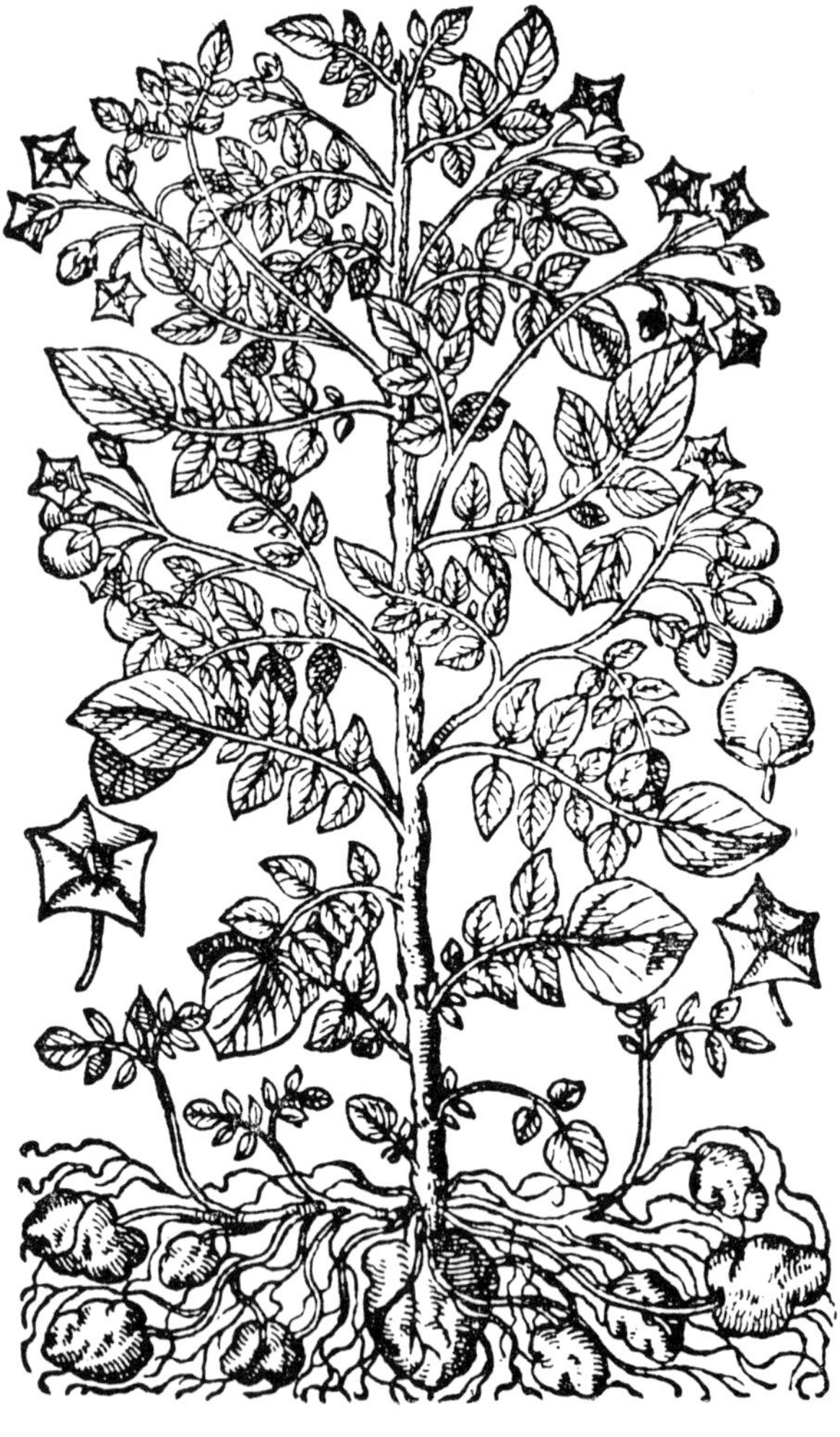

ボアン著『Prodromos』（1620年）より。*Solanum tuberosum esculentum*（ジャガイモ）

100年後なので、18世紀以前に*S.t.tuberosum*がヨーロッパに運ばれてきた可能性は低い。*S.t tuberosum*は赤道よりずっと南の地域で栽培されていたため、夏であればヨーロッパ北部でも栽培できたが、19世紀初頭まで重要な商業用農作物とはならなかった。

すべての植物学者がジャガイモを、ヨーロッパの食料事情に重大な意味を持つ新参者と考えたわけではなかった。それどころか、ジャガイモは有毒で、ハンセン病や赤痢などの病気を運んでくると考える者もいた。フランスではフランシュ＝コンテやブルゴーニュなどの地域でジャガイモの栽培が禁止された。フランスの農学者、オリビエ・ド・セールは、1600年に発表した『農業経営論 *Le théâtre d'agriculture et mésnage*』で、近頃スイスから来たカルトゥーフルの実は、外見はトリュフに似ているが、味は根菜作物と大差ないといっている。ヨーロッパでは、ジャガイモが食用なら聖書に出てくるはずだと考える地域もあった。こうしたジャガイモに対する偏見は18世紀末頃まで根強く残っていた。

◉ドイツとロシア

17世紀初頭、ドイツの一部地域でジャガイモの栽培がはじめられた。1660年代には南部のファルツ地方やアルザス地方［現在はフランス］といった低い山が連なる丘陵地帯で

ジュヌヴィエーヴ・ルニョー・ド・ナギ著『世界の植物』（1774年頃）より。イモの植物学的図版。

農作物として栽培されるようになった。17世紀後半、ドイツ西部のラインラント地方に進軍したフランス軍はジャガイモに遭遇したが、ジャガイモが兵站《へいたん》部に欠かせない品目となったのはスペイン継承戦争（1701〜14年）以降である。この戦争はヨーロッパ史上最悪ともいわれる飢饉を引き起こしたため、1709年には農民も兵士もジャガイモを積極的に栽培するようになった。

1715年には、オランダ、ライン渓谷、ドイツ南西部、およびフランス東部全域で食用ジャガイモの栽培が定着していた。1730年代にはデンマークやスウェーデンの貴族の庭園で、1770年代には庶民の庭でも栽培されるようになり、19世紀を迎える頃にはデンマークとスウェーデンでも農作物になっていた。

1740年の飢饉がきっかけで、プロイセンのフレデリック大王はジャガイモの栽培を奨励するようになり、この塊茎のすばらしさを宣伝し、農民に種を配った。1770年から1772年にかけて起きた飢饉の後、プロイセン、シレジア、ポーランドなどの国々は、ジャガイモの主要生産地となった。

この成功を見たロシアの女帝エカチェリーナ2世は農民にジャガイモ栽培を奨励しようと組織的な宣伝活動に取り組んだ。当初目覚ましい成果は得られなかったが、ジャガイモはロシアに簡単に根付き、コムギが不作のときは、パン作りのありがたい代替材料になった。19

世紀を迎える頃、ジャガイモはロシア西部とウクライナで栽培されるようになっていた。19世紀の100年間、ロシアのジャガイモ生産量は拡大の一途をたどった。ジャガイモはロシア料理に欠かせない食材となり、さまざまなロシア料理に取り入れられてたちまち大人気の野菜になった。

イングランド、スコットランド、アイルランドでは、17世紀後半まで、ジャガイモはおもに菜園で栽培されていた。イングランドで栽培されていたジャガイモ、中でもランパー種は、生産性は高かったが味は今ひとつだった。そのためイングランドでは馬の飼料とされたが、スコットランドとアイルランドでは食用として栽培されていた。1664年、ジャガイモはすでに非常に重要な農作物となっていたため、ジョン・フォレスターは著書『イングランドのさらなる幸福 *Englands Happiness Increased*』で、1エーカー［約0・4ヘクタール］の土地に対して、30ポンド［約14キログラム］のジャガイモが収穫できるのだから、ジャガイモの作付けは将来の飢饉への確実な備えとなると述べている。

1699年、ジャガイモはイングランドとアイルランドの全域で栽培されており、ある人物はこの「健康によく、栄養豊かな根茎」を「イギリス国民の」偉大な「資源」と呼んだ。18世紀を通じて、ジャガイモはイギリス全土で商業用農作物としてますます支持を集めるようになった。アダム・スミスは1776年に出版された『国富論』で、「ヨーロッパの農業が……商業と航海の大幅な拡大から得た、もっとも重要なふたつの進歩」としてトウモロコシとジャガイモを挙げている。

◉フランス

ジャガイモは、16世紀末にフランス南東部に伝わり、18世紀中頃まではおもに園芸野菜として栽培され、食用野菜としてもかなり普及した。しかしその当時でさえ支配階級の評価は高くなく、ほとんどが家畜の餌だった。啓蒙思想家ディドロが編纂した偉大な『百科全書』（1765～76年）にも、ジャガイモについて「いかに料理しようと、デンプン質で風味に乏しい……と非難される。食べると腹にガスがたまるのだから、それも仕方がない。しかし、農民や労働者らの頑健な腹にはガスなど屁でもあるまい」とある。

フランスでジャガイモが一目置かれるようになったのには、アントワーヌ＝オーギュスタン・パルマンティエ［1737～1813］の力によるところが大きい。パルマンティエは薬剤師で、7年戦争（1756～63年）に従軍してドイツ軍に捕らえられ、5年におよぶ捕虜生活の間、仲間とともにジャガイモばかり食べさせられた。多くのフランス人と同じく、パルマンティエもそれまでジャガイモを食べたことがなかった。彼は捕虜生活を生き延びる中でジャガイモの高い栄養価に絶対の信頼を置くようになり、フランスに帰国してからは、人間の食べものとしてジャガイモを推奨するようになった。

1769年、フランスで穀物が不作になり、ブザンソンのアカデミーが穀物の代替作物を募集するコンテストを開くと、パルマンティエはジャガイモに関する学術論文を書いて優勝した。1773年には『大地のリンゴの成分を検証する *Examine chymique des pommes de terre*』という説得力あふれる書物を著し、ジャガイモが栄養学的にいかにすぐれているかを訴えた。同年、オテル・デ・ザンヴァリッド〔ルイ14世の命により建てられた傷病兵のための看護施設〕の薬局に職を得てパリに移ると、パリでジャガイモの普及活動を続けた。

パリでは、アメリカ独立戦争へのフランス人の支援を取り付けようと奔走するベンジャミン・フランクリンと知り合った。パルマンティエがジャガイモの普及活動の話をすると、フランクリンは著名人を晩餐会に招いて、スープからデザートまですべてジャガイモでつくったフルコースをごちそうしたらどうかと提案した。晩餐会は1778年10月29日に開催され、フランクリンや、著名な科学者アントワーヌ・ラヴォアジエらが集まった。ジャガイモでつくった「魚」料理などが供され、出席者はジャガイモのウォッカで乾杯した。フランクリンは手紙や公式文書でジャガイモ料理を絶賛している。

当時、穀物の不作が続き、パンの値段が高騰した。これはとりわけ貧しい人々にとって打

1913年に発行されたプチ・ジャーナル誌「人類の恩人、アントワーヌ＝オーギュスタン・パルマンティエ没後100年記念号」

撃だった。パルマンティエはパン職人らに、小麦粉の代わりに安価なジャガイモのデンプン粉［片栗粉］を使うよう熱心に呼びかけた。ジャガイモとジャガイモのデンプン粉は、パンの材料のすぐれた成分になる。しかし、パルマンティエが推奨した分量でつくるパンはまずかった。バーバラ・K・ウィートンは、『味覚の歴史』（辻美樹訳。大修館書店）で、フランスでジャガイモの需要が遅れ、ジャガイモが、デンプンの材料、家畜の餌、貧しい人の食べものとして一段低く見られるようになったのはパルマンティエの責任かもしれないといっている。

パルマンティエの尽力にもかかわらず、このあらたな食用作物が一般大衆に受け入れられるまでにはもう少し時間が必要だった。ジャガイモは19世紀以降、社会に徐々に浸透するようになった。1815年、ジャガイモの生産高は2100万ヘクトリットルだったが、1840年には1億1700万ヘクトリットルと5倍以上増えている。

●世界へ

ジャガイモは、栽培し、収穫し、調理するのにほとんど手間がかからないため、おもに下層階級の人々が栽培していた。貴族たちは、ジャガイモを食べる人々を怠惰で無責任と見下していたが、大量に収穫できて比較的栄養価が高かったため、栽培すれば大家族を養うことができた。事実、ジャガイモが主要農作物になった地域では例外なく人口の爆発的増加が生じている。1750年から1850年の100年間で、ヨーロッパの人口はおよそ1億4000万人から2億6600万人へとほぼ倍増した。歴史家の中には、人口の急激な増加の一因として、同時期にジャガイモの栽培面積が拡大していることを挙げる人もいる。

ジャガイモは、干からびてしまうか腐ってしまうまで数か月間保存できるため、航海用の食料として最適だった。ジャガイモの利点はそれだけではない。船乗りたちは知らなかったが、ビタミンCが豊富に含まれているため、生で食べると壊血病の予防になる。そのため、ジャガイモを積んだ船に乗ると長い航海から生還できる確率が高くなった。また、航海中に食べきれなかったジャガイモが目的地で廃棄されることで、南北アメリカ大陸、太平洋の島々、そしてアジアのさまざまな地域にも伝わった。

ジャガイモは17世紀後半には北米大陸に伝わっていたが、農作物として栽培されるようになったのは、18世紀中頃にスコットランド系アイルランド人がアイルランドからニューイングランド地方にジャガイモを伝えてからで、そこから全米各地に広まった。その後ドイツ、スカンディナビア、東ヨーロッパから来た移民もジャガイモを栽培し、食べるようになった。こうして19世紀中頃には、ジャガイモはカナダとアメリカ合衆国の重要な農作物になってい

ジャガイモ協会がジャガイモの知名度を上げるために作成した絵葉書の1枚（これはカナダのもの）。「ここではジャガイモは大きく育つ」と書かれている。

た。

ジャガイモ栽培は、ヨーロッパから南へ、そして東へと広まった。アフリカでは、北アフリカのアトラス山脈、ナイジェリアのジョス高原、東アフリカの山岳地域の主食となった。ロシアからはトルコのアナトリア高原、中国西部に広まった。同時期、ヨーロッパの探検家たちが太平洋の対岸へジャガイモを運んだ。17世紀には日本、朝鮮、中国東部にも伝わっていたが、あまり注目されなかった。新世界から中国に伝わった食べもののうち、ジャガイモは当初もっとも人気のなかった食べもののひとつで、最終的に山岳地帯、とくに西部で栽培されるようになった。

イギリス人によって南太平洋に運ばれていったジャガイモは、オーストラリア、ニュージーランドにも根付いた。１８０５年にはマオリ族が食用のジャガイモ栽培を行なっている。イギリス人はインドにもジャガイモを伝え、インドでは山岳地域、とくにパンジャーブ地方［インド北西部からパキスタンにまたがる地域］で熱心に栽培された。

20世紀後半、インドと中国のジャガイモの生産高は、中国が世界第1位、インドが世界第3位の産出国となるまでに増大し、現在もその地位は不動である。20世紀の１００年間、ジャガイモは世界でもっとも栽培され消費された野菜だった。

第3章◉ジャガイモ飢饉

◉疫病発生

1842年夏の終わり、アメリカのフィラデルフィア近郊に住む農民たちは畑のジャガイモの異変に気づいた。最初に葉が丸まり、次に植物全体がしおれる。掘り返すと、塊茎に茶色い筋が走っていて、その後イモはぐにゃぐにゃの黒ずんだ塊になる。疫病の原因はわからなかったが、数日で農家一戸のジャガイモが全滅してしまう。疫病はまたたく間にペンシルベニア州全体に、そして北のニューヨーク州やマサチューセッツ州にも広まった。「イモグサレ病」（と当時呼ばれていた）は、園芸誌や農業誌で大きく取り上げられた。ただし、1840年代の大多数のアメリカ人にとって、ジャガイモは日常的な食べものではあったが、ジャガイモだけに依存している農家は少なく、ほとんどの農家はあっさり他の作物に乗り換えたため、アメリカでは「イモクサレ病」の影響は少なかった。

1844年6月、今度はベルギーでジャガイモ疫病が発生した。翌月にはオランダでも確認され、またたく間にスカンディナビア諸国、フランス、ドイツ西部および南部、プロイセン、ロシアに拡大した。ジャガイモ疫病はドイツとベルギーのジャガイモ農家に壊滅的被害をもたらした。ドイツではジャガイモの収穫量のおよそ71パーセント、ベルギーでは88パーセントが全滅したといわれる。

フランスでは、ジャガイモ疫病は一部地域で食い止められ、被害を受けた農家は比較的少なくて済んだ。フランス政府は、国内の被害がなかった地域から食料を送るように指示し、すみやかな対応が功を奏して難を逃れることができたのだ。ドイツ南部やロシアなどでは、ジャガイモの代わりとなる穀物も栽培されていた。さらに、ヨーロッパ各国の政府は、他国から安い穀物を輸入できるように保護主義政策をいったん取りやめた。しかし、疫病の影響は、収入も食事ももっぱらジャガイモに依存していた人々にはとりわけ深刻だった。

ヨーロッパ大陸では、ドイツ、ベルギー、プロイセン、その他の地域の農民も合わせると、およそ30万人がジャガイモ疫病のために餓死したといわれている。飢饉をそこで食い止められたのは、ひとつには、ヨーロッパでは穀物が栽培されていたからであり、もうひとつは被害のなかった国から食料を購入できたからだった。たとえばアイルランドも、1845年の夏にはヨーロッパ大陸の飢饉を阻止するため数万トンのジャガイモを輸出していた。

1845年8月1日、チャンネル諸島［英仏海峡に位置するイギリス王室領の島々］でジャガイモ疫病が記録された。10日後にはスコットランド、そしてついにアイルランドでジャガイモ疫病が確認される。イギリス政府は、1844年から1845年にかけてのベルギーとオランダの惨状をかんがみて、心して最悪の事態に備えることにした。イギリス首相サー・ロバート・ピールは科学委員会を設置し、疫病の研究を行なわせた。科学委員会は次のような結論を下した――ジャガイモ疫病を予防する、もしくは治療する方法は今のところ存在しない、疫病によってジャガイモの収穫高は激減し、大規模な飢饉が起きるだろう。

ピールは、危機的状況になる前に、予想される問題へ先手を打つことにした。労働者がお金で食料が買えるように、公共事業を立ち上げる法律を制定した。賃金の半分はイギリス政府、残りの半分は各地方が負担することになった。被害のあった地域では慈善活動が組織され、アイルランドの地主には小作農の救済が義務づけられた。救急病院も設立された。

ジャガイモの収穫高の損失は、イングランドではおおかた一部地域に留まった。しかし、スコットランドのハイランド地方では損害は深刻だった。地主たちは建築計画を立てたり、救済活動を行なったりした。小作農たちは公共事業に従事し、その賃金で食料を買うことができた。

それからの5年間、ヨーロッパとイングランドではジャガイモ疫病の影響は少なかった。とはいえ1849年はスコットランドにとって最悪の年で、大規模な飢饉は避けられたが、およそ100万人のハイランド人がイングランドや北米に移民したといわれている。しかしアイルランドでは、ジャガイモ疫病によって人類史上未曽有ともいえる悲劇が引き起こされたのだった。

◉アイルランドのジャガイモ

アイルランドにジャガイモをもたらしたのは、イギリス女王エリザベス1世の寵臣サー・ウォルター・ローリー［1552〜1618］だったとよくいわれる。ローリーは、1579年から1581年にかけて、アイルランドの反乱の鎮圧に参加し、アイルランド人から没収されたコーク州の地所を恩賞として与えられた。ローリーとジャガイモをつなぐ確たる証拠はないのだが、名家にまつわる俗説がこのふたつを結びつけている。

ひとつの言い伝えは1693年に飛び出したもので、王立協会の会長をつとめていたサー・ロバート・サウスウェルが、彼の祖父で、1567年生まれのアンソニー・サウスウェルがローリーからジャガイモをもらい、ローリーの領地から25マイル［約40キロ］離れた自分の領地に植えたと主張した。

1699年には、別の王立協会会員ジョン・ホートンが、ローリーはアメリカのバージニアでジャガイモを手に入れ、アイルランドへ運んだと主張した。ローリーはたしかにアメリカへの4回の遠征に出資し、アメリカのロアノーク島にイギリスの最初の植民地を建設したが、彼自身はバージニアへは行っていない。そして何より当時バージニアにジャガイモはなかった。

しかし、では誰がアイルランドにジャガイモをもたらしたのだろう？　歴史家のウィリアム・マクニールは、スペイン人の船乗りがスペインからジャガイモを運んできた可能性が高いのではないか、ひょっとするとバスク人の漁師が、アイルランド西部の海岸で釣った魚を干物にするときにジャガイモをもたらしたのかもしれないと推測している。この偉業を成し遂げたのが誰であったにせよ、ジャガイモは17世紀を迎える頃にはアイルランドに根付いていた。ただし普及するにはそれからさらに半世紀かかった。

当初ジャガイモは自家菜園などの狭い土地で栽培されていた。17世紀中頃、イギリス人がクロムウェル率いる議会軍によってアイルランドを征服すると、アイルランド人は土地の痩せた山がちな西部へ追いやられた。そこではほとんどの農作物が育たなかったが、ジャガイモには適していた。どの苗もたくさんの実をつけ（1エーカーにつきおよそ6トンのジャガイモが収穫できた）、穀類と違ってほとんど手間をかけなくても栽培できた。ジャガイモの栽培には、馬も牛も、馬や牛に引かせる犂《すき》もひき臼も必要なかった。鋤《すき》1本と大勢の人手さえあればよかった。おまけに農家の家族の腹も満たしてくれた。

豚、牛、家禽といった家畜の餌にも、デンプンやジン［蒸留酒の一種］の原料にもなった。他の多くの野菜と違って、条件さえ整えば数か月は保存できた。家族が食べきれないほどの収穫があったときには、安定した価格で売ることができた。極めつけに、ジャガイモは、イングランドの貧困層の穀物主体の食事より栄養バランスがよかった。ミルクやチーズと一緒に食べれば、ビタミンやミネラルと一緒にタンパク質もたっぷり摂取できた。18世紀、ジャガイモはアイルランドのもっとも大事な作物のひとつになった。

イングランドのプロテスタントは、アイルランドを征服した後、異教徒刑罰法を通過させ、カトリック教徒が選挙で投票すること、公職に就くこと、教壇に立つことを禁止した。教育は英国国教会に支配され、カトリック教徒は締め出された。それ以上に深刻だったのは、刑罰法によってカトリックの土地所有が禁止されたことだった。没収された土地は広大な区画に分割され、イングランドから移民してきたプロテスタントに分配された。

イングランド人の支配の下で、プロテスタントの一派である長老派が、地形と気候がスコットランドによく似ているアイルランド北部に入植した。彼らはジャガイモを栽培したが、故郷で行なっていたようにオートムギも育てた。アイルランド南部にはイングランドの古参兵らが入植した。１８２９年に可決されたカトリック救済法によって過酷な異教徒刑罰法の内容の多くは無効とされたが、それにもかかわらず、続く15年間アイルランド人の悲惨な境遇にはほとんど変化がなかった。

アイルランドのカトリック教徒たちの中でもっとも高い地位にあったのが、イングランド系プロテスタントが接収した広大な地所の一部を借りることができた小作農だった。地主の多くは一年のほとんどをイングランドで生活していたので、小作農がしばしば地主の農作物、とくに穀類の手入れをし、アイルランド南部で広く飼育されていた地主の家畜の世話をした。小作農は自分たちで食べるためのジャガイモを育てた。中位にあったのが地方の労働者で、彼らは狭い土地を借りてたいていそこにジャガイモを植えた。底辺にいたのが都市の日雇い労働者で、彼らは仕事で得た金で食料を買っていた。

穀類と違い、ジャガイモは何年間も保存できなかったため、季節ごとに食べきってしまうか、植え付けるかしなくてはならなかった。ジャガイモはさまざまな病気に感染しやすく、１７００年から１８４４年にかけてアイルランドが疫病や気象異常に見舞われるたびに不作になった。不作は飢饉と死をもたらした。多くの場合、不作は一部の地域で食い止められるか、1年持ちこたえれば何とかなった。ジャガイモ以外の作物も急増するアイルランド人口を支えた。しかし1727年から1729年にかけてのアイルランド西部のジャガイモの不作は深刻だった。アイルランドの飢饉と急激な人口の増加にどう対応するべきかという問題はイングランドの新聞や雑誌をしばしばにぎわせた。司祭でもあった作家ジョナサン・スウィフト［1667〜1745。イングランド系アイルランド人の風刺作家。代表作は『ガリヴァー旅行記』］は、「アイルランドの貧民の子供たちが両親ならびに国の負担となることを予防し、国家社会の有益なる存在たらしめるための穏健なる提案」（1729年）という風刺エッセーで解決策を提案し、アイルランドの赤子たちを、煮たり、焼いたり、あぶったりするなど、食料にして食べてしまえばいいといっている。ありがたいことに飢饉はおさまった。

その後も大規模な不作とそれに続く飢饉は起きたが、アイルランドの人口は、1841年までの100年間で事実上3倍に増えた。人口の3分の1、とくに西部の農村地帯に住む人々はますます暮らしをちっぽけなジャガイモ畑に依存するようになっていった。

前の年のジャガイモが尽きて、その年のジャガイモが熟しきらない夏の間、アイルランド人は食料をつけで買わなくてはならない。アイルランドの人口が3倍に増えたということは、貧しい人が3倍になったという意味だった。農場や家や納屋の賃料は値上がりする一方なのに、一家が耕作できる土地の面積は逆に狭くなった。ジャガイモが収穫できなければ、日雇い労働者など自分の土地を持たない人々には食べるものがない。運命の1845年を迎える以前に、すでに多くの家庭が困窮していた。これほど大勢の人間がたったひとつの食用作物に、それも定期的に不作に陥る作物に依存していることに多くの人が危機感を募らせていた。しかしさまざまな手を打つことができたはずの政府も、途方に暮れる他なかったアイルランドの農民も、こうした警告にほとんど注意を向けていなかった。

◉大飢饉

ヨーロッパ大陸の農民たちがジャガイモ疫病に苦しんでいたとき、アイルランにはほとんど被害がなかった。1845年の夏には、ヨーロッパ大陸の人々を飢饉から救うためにジャガイモと穀物がアイルランドから大量に輸出されたほどだった。

1845年8月の終わりにアイルランドでジャガイモ疫病が発見されたが、新聞は9月9日までこの災禍を報じず、疫病はまたたく間にほぼ全域に広まった。10月末「飢饉の可能性あり」という緊急警告が表立って取りざたされるようになり、危機への対応計画が練られた。11月初頭、ピール首相はアメリカから10万ポンド相当のトウモロコシを極秘に購入するように命じた。そのトウモロコシがあれば、およそ100万人のアイルランド人が数か月間飢えずに済むはずだった。

1845年、疫病のために、アイルランドのジャガイモの収穫量は約30パーセント減少し、そのため各地で、とくに、しばしば交通が寸断されるアイルランド西部でさまざまな問題が発生した。実際には、この段階で飢えのために死んだ人は、たとえいたにせよごくわずかだったが、問題は疫病の直後に例年よりジャガイモが大量に消費されたことだった。ジャガイモを栽培する農家は、疫病で台無しになる前にジャガイモを収穫して食べることを選んだ（腹を空かせた農民たちは、翌年の春の植え付けのために取り分けておいた種イモを食べなくてはならなかった）。このため、冬にジャガイモを多く食べる豚や牛は、秋のあいだに例年よりたくさん屠殺された。

ジャガイモ飢饉には一定のパターンがある。大惨事の回避を計画する立場にあった人々は、本格的な飢饉は1846年の春と夏に来ると結論し、飢饉の犠牲者を救う計画が実行に移された。救援物資の購入資金を募る救済委員会が各地で組織され、労働者が穀物などの食料を購入する賃金を得られるように、道路建設などの公共事業が計画された。以前の飢饉のときは病院に患者が収容しきれなかったので、あらたに複数の病院が建設された。主食の値段が上がりはじめると、政府は、労働者が家族を養っていけるように、食料全体の価格を抑え

アイルランドの豚市場の絵。1870年。人々は豚をジャガイモで肥やし、市場で売った。食べものが乏しくなると養豚業はいっきに下火になり、豚市場も衰退した。

るため、購入しておいたトウモロコシの販売を開始した。

残念ながら、政府が販売したトウモロコシは栄養価が（とくにジャガイモと比べれば）低かった。それはフリントコーンといって、非常に硬く、挽いて粉にしないと調理できない種類のものだった「フリントコーンは、現在ではおもに家畜用飼料や工業用の原料に利用されている」。アイルランドにはトウモロコシを挽いて粉にする設備がもともと少なく、貧困層の家庭はトウモロコシを挽く道具をそもそも持っていない。腹を空かせた人々は、空腹を満たすために食べられるものであれば何でも口にした。こうして多くの人が赤痢にかかった。

とはいえ、救済活動そのものはおおむね

成功したと言えた。救済委員会があてにしていた8万人の地主は、多くがイングランドに住むプロテスタントの不在地主で、アイルランドのカトリックに慈善金を寄付しようなどという気はさらさらなく、そのうえ多くの地主がひどい負債を抱えていて、自分たちの小作農を救う寄付金を捻出することもままならなかったものの、公共事業によって労働者に賃金は支払われたし、救済委員会は地元アイルランドで救援活動資金を集めることができた。トウモロコシの販売で食料品の値上がりは抑えられ、病院は熱病などの病気の患者たちをなんとかさばくことができた。１８４５年から１８４６年にかけての冬、飢餓による死者はほとんどなく、春の大規模な飢餓を阻止するための食料も足りているようだった。人々は、夏がくればジャガイモが収穫され、危機的状況は収束するだろうと考えていた。

まもなく、飢饉の警告は大げさに過ぎ、アイルランドに飢饉は訪れないことがあきらかになった。熱心な自由貿易主義者だったピールは、アイルランドが飢饉に見舞われる可能性にかこつけて、安価な穀物の輸入を妨げイギリス国内の穀物の価格をつり上げている穀物法を廃止しようとした。理屈では、穀物法が廃止されれば安価な外国産穀物の輸入が可能になるが、実施されるのは3年後なので今回のアイルランドの危機にはほとんど影響がない。皮肉なことに、現実に影響があったのはイングランドだった。穀物法廃止案は非常に評判が悪く、議会を通過させようとしていたピールは支持者にそっぽを向かれてしまった。

◉人災

1846年6月、ロンドンでピール率いるトーリー党［現在の保守党の前身］政権が倒れた。あらたに政権を担ったホイッグ党［後の自由党、および自由民主党の前身］はアイルランドに対してこれまでと正反対の政策を取った。旧政府が費用の半分を負担していた公共事業は続けられることになったが、地元の基金だけで賄われることになった。さらに、政府による食料の輸入も供給も行なわないことに決めた。ホイッグ党は、食料の価格と供給の関係は自由市場によって決定されるべきであり、トーリー党政府によるトウモロコシの供給はこのプロセスを妨害していたと主張した。新政府は、どうにもならなくなったときにだけ解放される食料貯蔵庫を複数設置し、アメリカから輸入したトウモロコシの残りすべてをそこに分配した。

しかし、根本的な多くの問題が見過ごされていた。1846年の春には、前年の約80パーセントのジャガイモしか植え付けられていなかった。多くの農民の手元には植え付け用の種イモがなかったからだ。ある者は疫病のために前年の収穫がまったくなく、ある者は冬の間生き延びるために種イモを食べてしまっていた。当初、種イモは疫病に感染していないと思われていたが、土が疫病に冒されていた。1845年から1846年の冬は暖冬だった

ダニエル・マクドナルド「ジャガイモ疫病の発見」(1847年頃)

ため、ジャガイモ疫病は土の中で生き延び、蔓延していたのだ。

さらに、夏の長雨と寒さが疫病の破壊力に拍車をかけた。疫病は1週間あたり約80キロメートルの速さで拡大した。1846年7月には、疫病はアイルランドのほぼ全域に広がり、ジャガイモの収穫量は88パーセント減少した。アイルランドのジャガイモは、ほぼ壊滅した。

ここにいたってようやくホイッグ党政府はアイルランドのために食料を購入しなくてはならないという結論に達したが、もはやイングランドにもヨーロッパ大陸にも食料はほとんど残っていなかった。1846年は、ヨーロッパ全土でジャガイモも穀類も不作だった。自国民の飢えの苦しみを軽減するために、ヨーロッパの国々は食料の輸出を禁止する法律を次々に通過させていた。アメリカからトウモロコシを追加購入せよという行政命令が下されたが、すでに手遅れだった。ヨーロッパの他の国々がトウモロコシを手に入るかぎり買い占め、来夏の収穫分についても予想される収穫を上回る量を注文していた。

プロテスタントの中には、アイルランドの飢饉は、アイルランド人の生活のあり方、とくにカトリックの信仰に対する神罰だと信じる者もいた。さらに、イギリス政府の要人の多くは直接の救済策に乗り気でなく、スコットランドやイングランドのプロテスタントの労働者たちにはアイルランドのカトリックを養う義務はないとも感じていた。

ジャガイモは不作だったが、それでもアイルランドはこれまで数十年間農作物を輸出してきた豊かな農業国だった。ジャガイモは、アイルランドの総農業生産の20パーセントを占めるに過ぎず、穀物の生産量はジャガイモの生産量を上回っていた。しかし、アイルランドの農業を牛耳っていた商人たちは、空腹にあえぐ同郷人に安価に食べものを提供するより、食料を国外に輸出して大きな利益を得ることを選んだ。

ホイッグ党政権は、ヨーロッパの他の国々に倣って海外への食料販売を法律で禁止するどころか、アイルランドの農作物を高値で販売することを許可した。１８４６年から

疫病にかかったジャガイモは腐ってしまうため、多くの小作農にとって絶望的な状況が生じた。ここに描かれているケリー州のトム・サリバン氏もそんな小作農のひとり。台無しになったジャガイモを見つめている。

1847年の運命の冬、アイルランドへ救援物資として送られてくるよりも多くの食料が、アイルランドからイングランドへ輸出された。

1846年8月、ホイッグ党政権は、アイルランドの地主に地元の救済活動の費用を（税金として）負担するように命じた。アイルランドに居住する地主のうち、裕福な者たちは救済活動に積極的に関わったが、多くの地主は破産の危機に瀕していた。彼らは政府からの支援が断たれれば、救済活動を行なうことも、公共事業に出資することもできなかった。破産を免れるために多くの地主が賃借料を支払えない小作農を強制的に追い出した。警察や軍の力を借りて立ち退かせる場合もしばしばあった。こうして、救済策の負担は地主から国に肩代わりされたが、政府には家も金もない莫大な数の人々を養う手立てはなかった。

立ち退きを命じられた小作農は40万人にのぼるといわれる。食べものもなければ、雨風をしのぐ家もない人々にとって立ち退きは死刑宣告に等しかった。1846年9月、新聞で飢餓による死者について報じられるようになった。まっさきに犠牲になったのは立ち退きを命じられた小作農と子供たちだった。飢えて衰弱した何十万もの人々は、熱病、黄疸《おうだん》、赤痢、壊血病《かいけつ》、チフスなどさまざまな病気にかかって死んだ。病院や救貧院は人であふれ、機能停止に陥った。その冬、飢饉による死者はおよそ40万人にのぼった。飢えのために亡くなる人もいれば、家がなく、疲労して病気にかかって亡くなる人もいた。

◉無料食堂《スープキッチン》

1847年1月、ホイッグ党政権は、自分たちの救済策が失敗であったことを悟った。そして、最後の手段として、貧しい人や極貧にあえぐ人々に食事を提供する炊き出しをはじめた。それは約1800リットルのスープを毎日2000人程度にふるまうといった規模のもので、必要な量からすれば焼け石に水も同然だった。

ジャガイモ疫病が最初にイングランドを襲ったとき、フランス生まれで、ロンドンの高級社交クラブ「リフォーム・クラブ」で料理長をつとめていたアレクシス・ソイヤー［1809～1858］は、私財を投じて無料食堂《スープキッチン》を設立した。今回ソイヤーは、さらに大勢の人に食事を提供できる、より効率的なシステムを提案した。1847年1月、イギリス政府はソイヤーにモデルとなる無料食堂の建設を依頼し、ソイヤーは4月にダブリンで施設を立ち上げた。

布と木材でつくられた仮設避難所には1365リットルの容量を持つ蒸気窯とパンを焼くオーブンが据え付けられていた。調理済みのスープは、窯の何倍もの容量があるベンマリーと呼ばれる巨大な保温器で食事がはじまるまで保温された。食事の時間になるとベルが鳴り、最初の100人が正面の扉から案内されてくる。器が配られ、スープが注がれる。全員が着席するや、食前の祈りが唱えられ、全員がスープに口をつける。きっかり6分後、ふたたびベルが鳴り、最初の集団が後方の扉から外に出て、次の集団が正面から入ってくる。これがくり返された。

ソイヤーの食堂は、最初の数か月間、毎日8000人に食事を提供した（飢饉が猛威をふるっていた時期には1日に2万6000人が亡くなった）。無料食堂は非常にうまくいったので、イギリス政府はこれを買い上げて救済委員会に委託した。ソイヤーの施設を手本にした無料食堂が各地に設立され、１８４７年5月までに、こうした施設で食事をした人は80万人にのぼった。３か月後には総計３００万人になった。

アメリカからも食料が輸入されるようになり、その後、餓死者は減少した。１８４７年夏、アイルランドで今年は豊作間違いなしといわれ、政府は飢饉の終息を宣言して8月15日には救済活動を終了させた。たしかに１８４７年から１８４８年にかけて、農作物の収穫量は前年を上回ったが、冬の間アイルランドの全人口を支えられるほどには回復していなかった。翌１８４８年は冷夏で、ジャガイモはふたたびひどい不作となり、数十万人が命を落とした。人々は事情さえ許せばどこへでも移住した。ジャガイモ疫病はその後の２年間も被害をもたらした。深刻度はいくらか和らいだとはいえ、１８４９年から１８５２年にかけてさらに25万人が家を追われた。

手元に余裕のある少数の地主は、海外へ移住しようとする者たちを援助した。多くのアイルランド人がイングランドにあらたな故郷を求めた。１８４７年4月以降は、推定8万５０００人のアイルランド人が北米へ旅立ったといわれている。彼らが乗った船は、カナダからイングランドへピッチ［木造船の防水に使われていた黒色で粘りの強い樹脂］など海軍の軍需品を輸送していた船を強引に代用したもので、速度の遅いこうした貨物船には乗客用の設備など皆無であり、乗客たちは自分で食料、寝具、医薬品を積み込まなくてはならなかった。移民の多くはただでさえ飢饉のために衰弱しており、病気の者もいて、およそ20パーセントが大西洋を横断する長旅の間に亡くなった。

生きてカナダやアメリカにたどり着いたとしても前途は多難だった。貧しく、衰弱し、病気の移民たちの大半は、都会で職を得るために必要な技術も備えも持たなかった。彼らに先立ち1845年より前に北米に移民していたアイルランド系移民はおもにスコットランド系長老派を祖先とする小規模農場主で、あらたになだれ込んできたカトリック信者に対して冷淡だった。

●ジャガイモ飢饉の余波

ジャガイモ飢饉は1851年に終息したが、イングランド、スコットランド、ヨーロッパ大陸、北米の一部の人々にはその後数年間影響が続いた。疫病を食い止める方法が見つからなかったので、多くの農家がジャガイモではなく別の農作物を栽培するようになったのだ。しかし、1850年代中頃には疫病に対して比較的抵抗力の強い品種が見つかったため、ジャガイモは、収穫量の点でも価値でも他に類のない貴重な野菜として再登場した。

アイルランドにおける飢饉の影響はこんなものではなかった。1851年までに100

ふたりの若い女性が休耕地に種をまき鋤で土を掘り返している。1900年頃、北アイルランド、アントリム州グレンシェスク。

万人以上のアイルランド人、おもに西部地方の人々が、飢えや、栄養失調のせいで重症化した病気のために命を落とした。何万人ものアイルランド人がイングランドやウェールズに移住したが、そこでは移民を排斥しようとする暴動が起きた。さらに100万人近くがアイルランドを逃れ北米へ向かい、そのうち84パーセントがアメリカに定住したが、そこでも数十年間にわたり偏見と貧困に苦しんだ。

それでも、この新アメリカ人たちは、祖国に残っている人々に「豊かさの国」で一緒に暮らそうと呼びかけた。アイルランド経済は飢饉の後も劇的には回復しなかったので、その後50年でさらに400万人が祖国を離れ大多数が北米へ移住した。1900年にはアイルランドの人口はたった400万人――1841年の半分になっていた。この膨大な移民は、アイルランドの社会ばかりでなく、移民たちが落ち着いた先の国を根底から変えた。

飢饉を生き延びたにも関わらず、アイルランドに留まった人たちの多くが命の危険にさらされていた。生き残った人たちの中には、病気や、飢饉の体験が元で精神を病み、ほどなく亡くなってしまった人も多かった。ジャガイモ飢饉は、アイルランドの歴史に現代まで続く決定的影響を与える出来事だった。それは「懐かしのスキバリーン〔ジャガイモ飢饉で大きな被害のあったアイルランド南部の町〕」などアイルランドに伝わる歌によって人々の記憶に刻み込まれている。「スキバリーン」では移民の父親が息子に飢饉のときの苦難を語って聞かせ、息子はスキバリーンに帰ってイギリス政府への復讐を果たすと誓う。多くのアイルランド人はこう考えていた――飢饉は避けられなかったわけではない。アイルランドには国民全員にいきわたるだけの食料があったのだ。それなのに、イングランド人は何十万人ものカトリック信者を見殺しにした。

それからおよそ70年間、アイルランド人はイギリスに造反できるだけの力を蓄え、第一次世界大戦中イギリスが最大の困難に直面しているときに悲願を果たした。1921年、アイルランドはついに独立を果たしたのだ。しかしイギリスの一部として留まった北アイルランドは、それ以来紛争の火種となっている。第二次世界大戦中、アイルランドは中立を貫き、連合軍の船に対して港を閉ざした。アメリカに住む多数のアイルランド系移民は孤立主義を支持し、そのためアメリカは、第一次世界大戦中は1917年まで、第二次世界大戦中は1941年12月真珠湾攻撃によって参戦を余儀なくされるまでイギリスに与しなかった。

ジャガイモ疫病の原因は、さまざまな分野で原因究明が試みられたにもかかわらず、19世紀中頃にはほとんど解明されなかった。異常な長雨が原因だと考える者もあれば、悪質な土壌のせいだという者もあった。さらに——おもにプロテスタントの福音主義者だったが——アイルランドのカトリックに対する神罰だという者もいた。イギリス、北ハンプシャーに住む植物学者で聖職者のM・J・バークレーが、疫病の原因は感染したジャガイモの葉に見られる黴と結論し、1846年1月に発見を発表した。

これをめぐって論争が起き、ルイ・パスツールの病原菌に関する画期的研究を経てはじめて科学者たちは、犯人はジャガイモ疫病菌 *Phytophthora infestans* という、黴に似た菌に違いないと結論した。ジャガイモ飢饉に関する本を19世紀後半に著したオースティン・バークは、菌はメキシコ中部の多湿の森で発生し、1830年代後半に栽培種のジャガイモに広まったと結論している。疫病がローカルな問題で済んだ可能性もじゅうぶんあっただろうが、1840年代初頭、菌は気流によってメキシコからアメリカ合衆国に運ばれ、その後、感染した種イモによってうかつにも船でベルギーに輸送された。

しかしながら最近のＤＮＡ研究により、この経路を疑問視する声があがっている。１９９０年代、ノースカロライナ州立大学の植物病理学者ジーン・リステーノが19世紀と20世紀のジャガイモの葉を調査し、菌はメキシコではなく、南米で発生した可能性が高いと結論した。１８４０年代、ジャガイモは船員たちの食料として船で定期的に運ばれていた。おそらく、これも病原菌がヨーロッパやアメリカ合衆国に広がった原因のひとつだろう。

ジャガイモ疫病は現在もヨーロッパや北米でしばしば発生している。毎年、数百万トンのジャガイモが疫病菌にかかって処分されている。とくに雨の多い年は被害が大きくなる。

第4章◉世界のジャガイモ料理

400年間、ジャガイモは世界中のひもじい人の腹を満たし、食通の舌を楽しませてきた。ジャガイモの人気の秘密はその汎用性にある。煮てよし、揚げてよし、薄く切っても、さいの目に切っても、すりつぶしても、グラタンにしても、丸ごと焼いてもいい。パンケーキ、サラダ、スープ、プディング、チャウダーの材料にもなる。鶏、豚、牛などの肉料理、魚料理との相性も抜群。ジャガイモは安価で比較的栽培しやすいため、富める人も貧しい人も分け隔てなく手に入れられる。この章では、ジャガイモのさまざまな調理法を取り上げよう。そしてジャガイモ料理が19世紀中頃に頂点を極めた経緯にも触れよう。

南米アンデスの原住民はジャガイモを主食としていた。調理法はさまざまで、ゆでたり、焼いたり、煮たりしていた。ほとんどの部族が、ジャガイモからオートミールのような粥や、パンに似た食べものをつくっていたようだ。ジャガイモは、ヨーロッパに伝来するとすでに確立されていた食習慣や調理法の中に溶け込んだ。ドイツの歴史家ギュンター・ヴィーゲルマンによると、1581年、ザクセン選帝侯クリスティアン1世に宛てられた手紙に、ヨーロッパで書かれた最初のポテトのレシピが登場する。ポテトをゆでて、バターで炒めるとよいとある。

1581年、ドイツで出版されたマルクス・ルンポルトの『新料理全書 *A New Cookbook*』には、「大地のリンゴ」の複数のレシピが登場する。ルンポルトはマインツ選帝侯の料理人で、著書には2000以上におよぶ洗練されたレシピがおさめられ、当時のドイツ料理がいかに高い水準にあったかをうかがわせる。一部の歴史家は、この本におさめられているものがヨーロッパで最初のジャガイモのレシピだと主張するが、ヴィーゲルマンは、ルンポルトの「大地のリンゴ」は、ウリ科の植物の丸い実のことだと断言している。

タマネギとすりおろした「大地のリンゴ」を使った料理は、1597年にバイエルンで出版されたアンナ・ヴェッカリンの『美味なる新料理集 *A Delicious New Cookbook*』にも登場する。ヴェッカリンの父親と夫は医学の教授であり、本人も女性としてもっとも早く料理書を出版した人物だった。彼女の料理書に載っているのはジャガイモケーキのレシピだという人もいるが、これもジャガイモが材料だとは思えない。ルンポルトとヴェッカリンのレシピに書かれた野菜が何であれ、16世紀後半にドイツでジャガイモが栽培されていたのは事実であり、大勢の現代の料理史家がルンポルトとヴェッカリンのレシピを、ジャガイモを使ってみごとに再現している。

ジョン・ジェラードは『本草書』で、ポテトは「熾火《おきび》の中で焼いても、ゆでてもいい。油、酢をつけたり、コショウをふったりしてもいい。腕のいい料理人にかかればどんなふうに料理してもおいしい」といっている。ポテトのレシピは、１６６４年に出版されたジョン・フォスターの著書『イギリスのさらなる幸福』にも多数登場する。「ポテトのペーストのつくり方（それを応用した、パイ、ペストリー［パン生地をパイ状に焼いたお菓子の一種］、タルトのレシピも載っている）」、「ポテト・プディングのつくり方（焼きプディングと蒸しプディングがある）」、「とてもおいしいポテトのカスタードのつくり方」、「ポテトのチーズケーキのつくり方」、「ポテトのケーキのつくり方」など。ポテトのパイは、料理書にしばしば登場するレシピのひとつだった。

ただし、こうした多くのレシピで取り上げられているポテトはジャガイモではなくサツマイモだ。匿名の著者による『真の紳士の悦び *True Gentleman's Delight*』には、とびきり贅沢なポテト・パイのレシピが載っている。

◎夕食用ポテト［サツマイモ］・パイ

ゆでてあく抜きしたポテト3ポンド［約1400グラム］、ナツメグ3個、シナモン半オンス［約15グラム］を混ぜ合わせ、砂糖3オンス［約90グラム］を加えてパイ生地に入れる。さらに、卵黄をからめた3本の骨のマロー［髄］、薄くスライスしたレモン、大きなメース、バター半ポンド［約230グラム］、4等分したデーツ（ナツメヤシ）6個をパイに入れ、オーブンで1時間焼く。バター、砂糖、ベル果汁［未熟なブドウの果汁］、白ワインを合わせ、パンチの効いたコードゥル［ワイン、パン、卵、砂糖、香辛料などを入れてつくるどろっとした滋養飲料］をつくり、オーブンから取り出したパイの中に入れる。(2)

『家庭の辞書、あるいは家政の手引 *The Family Dictionary, or Household Companion*』（1695年）の著者ウィリアム・サーモンは、ジャガイモ料理と、その薬効を詳しく説明している。

ジャガイモの調理法には（1）ゆでる、焼く、ローストする方法と（2）ブイヨンにする方法の2種類がある。……ジャガイモの料理には腹下しを止める働きがあり、栄養に富み、虚弱体質を回復させる。ゆでたり、焼いたりしたジャガイモは、良質のバター、塩、オレンジやレモンの果汁、精製糖をつけて毎日食べられる。精子を増やし、性欲を旺盛にするため、男女ともに子供を授かりやすい体質になる。どんな腹下しにも効く。「ジャガイモのブイヨン」は、最初にたっぷりの水で柔らかくなるまでゆでて、皮をむき、ゆで汁に戻して濃いクリームか、薄いヘイスティ・プディング［水、またはミルクで穀類を煮込んだ粥状の料理］くらいもったりするまで煮込む。同量のミルクと合わせればスープになる。皮をむいた後、ゆで汁に戻す代わりにミルクだけを加えて先のスープくらいもったりするまで煮込んでもよい。無塩バター、塩少々、精製糖を加えてもおいしい。(3)

トーマス・ホートンは著書『黄金の宝庫 *The Golden Treasury*』（１６９９年）で、イギリスではジャガイモはゆでるか焼いて、バターと砂糖をつけて食べると書いている。18世紀中頃、イギリスではジャガイモのレシピが次々と出版された。リチャード・ブラッドレーの『ジャガイモの改良をめぐる対話 *Discourse Concerning the Improvement of the Potato*』（１７３２年）や、ウィリアム・エリスの『現代の農場経営者 *The Modern Husbandman*』（１７４４年）には、数十におよぶジャガイモのレシピが掲載されている。

ドイツでは、17世紀中頃からジャガイモのレシピが登場するようになった。１６４８年

ベークドポテト、バター添え。欧米でもっとも一般的なジャガイモの食べ方のひとつ。

のある園芸家の日誌には、ジャガイモをゆでて皮をむき、ワイン、バター、スパイスと一緒に煮込んで、仕上げにショウガを散らして食卓に供するというレシピが書かれている。シギスムント・エルスホルツの『食事学 *Diaeteticon*』（1682年）には、ジャガイモはドイツで広く栽培されているという記述がある。『女性の辞書 *Frauenzimmerlexikon*』（1715年）にもジャガイモの4つのレシピが掲載されており、その中にはスープやサラダのレシピもある。[4] 18世紀後半以降、ドイツの料理書にはほぼ例外なくジャガイモのレシピが掲載されている。

　マサチューセッツ州生まれのベンジャミン・トンプソンは、アメリカ独立戦争に際してイギリスに味方したため、1791年にバイエルンに移住し、以後は貧しい人たちの腹をいかに経済的に満たすかを研究した。彼が考案したレシピの多くはジャガイモを材料としており、貧民の救済政策としてヨーロッパ中で広く活用された。その業績が認められ、トンプソンには「ランフォード伯」の称号が与えられた。1796年に出版された「食べもの、とくに貧者への炊き出しに関するエッセー」には、多数のレシピが掲載されている。その多くはドイツ料理を元にしたジャガイモ料理だ(5)。

◉ポテトサラダ

ポテトサラダは、ドイツ、オランダ、フランス、インド、アメリカなど世界各国の人気メニューだ。ドイツの郷土料理と縁が深く、「サラダ」と呼ばれているのは野菜にドレッシングをかけるからだが、通常は料理の付け合わせとして供される。ドイツ南部のポテトサラダは温いか、熱いものが多い。フライパンでベーコンをじっくり炒め、酢の入ったドレッシングをジャガイモにからめる。その他のものは室温で供する。アメリカやドイツ北部では、冷たいポテトサラダが好まれる。アメリカでは、一般に四角く切ったジャガイモをマヨネーズであえる。刻んだ固ゆで卵、セロリ、タマネギ、ハーブを混ぜる場合も多い。ポテトサラダは、アメリカのピクニックには欠かせない定番メニューだ。

ここで、ランフォード伯が18世紀末に考案したおしゃれなポテトサラダのレシピを紹介しよう。正直なところ、ドイツ料理というよりフランス料理のような趣がある。

ドイツの一部の地域で非常に評判がよく、とくにお勧めする価値があるのがポテトサラダである。ジャガイモをしっかりゆでて、皮をむき、薄くスライスして、レタスサラダと同じドレッシングをかける。ドレッシングにアンチョビを混ぜると、ソースの味がぐっと引き立つ。ジャガイモとあえるとてもおいしい(6)。

◉フリッター、パンケーキ、ラトケ

南米アンデスの人々はジャガイモを調理するさまざまな方法を発明した。しかし、油で揚げることはしなかった。油で揚げる調理法はヨーロッパで発達したもので、ヨーロッパ人がアメリカ大陸を訪れるまでは存在しなかった。油で揚げる調理法が普及しなかったのは、ラードやオリーブ油といった揚げものに使えることが自明な材料も、揚げものに必要な高温に耐えられる金属製の鍋もなかったからだ。一方ヨーロッパでは、たっぷりとした油で揚げるのであれ、さっと油をくぐらせるのであれ、揚げるのは16世紀以来ジャガイモの一般的な調理法で、その後現在にいたるまで、ヨーロッパと南北アメリカ大陸ではジャガイモのさまざまな揚げもの料理が誕生した。

ジャガイモのフリッター［揚げもの］、もしくはジャガイモのパンケーキは、蒸したジャガイモ、つぶしたジャガイモ、おろした生のジャガイモからつくることができる。卵やパン粉で衣をつけたり、タマネギやハーブで風味づけする場合もある。18世紀にはすでに日常の食べものだった。中はしっとり、外がカリッとしているのが理想。次に紹介するのは、リチャード・ブラッドレーが18世紀に考案したジャガイモのフリッターのレシピ。

じっくりゆでたジャガイモをつぶして、水気を切り、ミルクと混ぜる。クローブ、シナモン、精製糖をお好みでふる。細かく刻んだリンゴを混ぜ、衣をつけて、他の揚げものと同じように豚のラードで揚げる(7)。

ブラッドレーは、フリッターには砂糖をふったり、オレンジの薄切りを載せたりするとよいといっている。

ジャガイモのパンケーキは、アイルランド、ユダヤ、ポーランド、ドイツ、ウクライナ、

セルゲイ・プロクジン＝ゴルスキー撮影。帝政ロシア期のジャガイモ農業。1905〜15年頃。

チェコ、ベラルーシ、ロシア、スペイン、エクアドル、インド、朝鮮の料理に見られる。チーズ、ピーナッツソース、サワークリーム、ジャム、アップル・ソースなど、付け合わせのバリエーションもさまざまだ。ジャガイモのパンケーキにはたくさんの名前がある。たとえば、ウクライナ、ベラルーシ、ロシアではドラーニキという。ドイツではカルトッフェルプッファー、ユダヤ社会でハヌカー［ユダヤ教の清めの祭り］の時期に伝統的に食べられているものをラトケ（ス）という。

◉ハッシュブラウン、ホームフライ、レシュティ

ジャガイモのパンケーキによく似ているのが、ハッシュブラウン（ハッシュドポテト）。これは北米の料理で、ジャガイモをさいの目かみじん切り、もしくは千切りにして（タマネギやピーマンをアクセントとして加えることもある）、深底鍋やフライパンで焼く。ベーコンの油を使う場合が多い。フライ返しでぎゅっと押して、カリッと丸くキツネ色に焼き上げる。ハッシュブラウンは一般にベーコンエッグと朝食に供される。

もうひとつ、朝食として人気があるのが、コテージフライ、もしくはホームフライと呼ばれる料理で、生か加熱したジャガイモの薄切りでつくる。これは油でキツネ色になるまで焼

くが、カリカリにはしない。タマネギやピーマンのみじん切りを加えたものがポテト・オブライエン。ポテト・リヨネーズ（リヨン風ポテト）はちょっと気取った料理でジャガイモとタマネギの薄切りを炒めたもの。昼食や夕食の付け合わせにする場合が多い。

レシュティは、世界的に有名なスイス風ジャガイモ・パンケーキ。表面は黄金色でパリパリ、内側はふわっと、白っぽい色をしている。生のジャガイモをマッチ棒のように細く刻み、バターで炒めて、フライパンでひっくり返せるように薄い1枚の「マット」を形成する。ひっくり返しておろしチーズをふる場合もある。

●ポテトチップスとフライドポテト　その1

揚げものの技術は18世紀後半にフランスで完成された。ジャガイモの揚げものにはさまざまな形と名称があった。18世紀末、細長い棒状にカットしたジャガイモの揚げものは、フランス語でポム・ド・テール・フリット［直訳すると「揚げた大地のリンゴ」という意味］と呼ばれており、それが縮んでポム・フリットになった。１８０１年、第3代アメリカ大統領に就任したトーマス・ジェファーソンは、ホワイトハウスにフランス人シェフを招いた。「生のジャガイモを細長い棒状にカットして油で揚げる」というフランス語のメモが残されてい

ジャガイモが加工生産されているところ。ベルギー、ルーズ=アン=エノー、ジャガイモ加工会社ルトサの新工場で。2004年。

るが、これはおそらくポム・フリットのレシピだろう。

ポム・フリットは、普及するにつれてさらに簡単にフリットと呼ばれるようになり、19世紀から20世紀にかけてフランスとベルギーのおしゃれなディナーやレストランの定番メニューになった。今日ではフランスとベルギーにかぎらずヨーロッパ中の国で食べられている。アメリカではフレンチフライと呼ばれる日常的な食べものだ。

18世紀から19世紀にかけて、料理用語で「チップ」と言えば、アンズ、モモ、パイナップル、カボチャ、ジャガイモといった野菜や果物を薄くスライスするか、小さくダイス状にカットしたものを指した。ほとんどのチップは果物や野菜を乾燥あるいは脱水させたものだったが、ジャガイモのチップだけは油で揚げた。

イギリスで「チップ」は「フィッシュ・アンド・チップス」という料理名に根付いている。これは、東ヨーロッパから来たユダヤ系移民ジョゼフ・マリンが広めた料理で、マリンは１８６０年代にロンドンで店を開き、白身魚とジャガイモのフライを組み合わせた料理を売り出した。今日フィッシュ・アンド・チップスをメニューに載せている店はおよそ８０００店にのぼるといわれ、フィッシュ・アンド・チップスはイギリスの国民的料理と考えられている。かつての大英帝国領、オーストラリア、カナダ、アイルランド、ニュージーランド、南アフリカでも人気がある。

ジャガイモの揚げものを「フレンチフライドポテト」と名づけたのはイギリス人のイライザ・ウォーレンだった。ウォーレンは著書『若い婦人のための料理書 *Cookery Work for All Maids*』（１８５６年）に、細長くカットしたジャガイモの揚げもの「フレンチフライドポテト」のレシピを載せた。この本は１８５８年にアメリカで出版され、レシピはそのままアメリカの料理書の著者たちに引用された。「フレンチフライドポテト」の典型的なつくり方がファニー・ファーマーの人気の料理書『ボストン・クッキングスクール・クックブック *Boston Cooking-School Cook Book*』（１８９６年）初版に掲載されている。

小ぶりのジャガイモを洗って皮をむき、縦に8等分して、冷水に1時間さらす。水から取り出したら布で水気をふき取り、たっぷりの油で揚げる。ハトロン紙の上で油を切って塩をふる。

ジャガイモが焦げてしまうため油が高温になりすぎないように気をつけること。

この料理には「ジャーマンフライドポテト」や「ジャーマンフライ」といった名前もあったが、第一次世界大戦中ドイツ風の地名――たとえばオハイオ州のニューベルリンという街はノースカントンに変更された――や、「ジャーマン」という言葉がアメリカから追放されたために消えた。1918年、「フレンチフライ」は「フライ」に縮められ、アメリカとカナダでは「フライ」という呼び方が圧倒的になった。第二次世界大戦中、アメリカ兵によってこの呼び名は太平洋全域に広がり、ニュージーランドとオーストラリアでも「フライ」という呼び方が普及した。現在、かつての大英帝国圏では「フライ」は「チップス」と同じ意味で用いられるが、イギリスでは「チップス」という呼び方のほうが一般的だ。

20世紀、ポテトフライは全世界に広まりさまざまな名前で呼ばれるようになった。いろいろな料理と組み合わせられ、多様な調味料で味つけされている。たとえばベルギーで人気な

マッシュポテト。欧米でもっとも一般的なジャガイモ料理のひとつ。

のが、ムール貝の白ワイン蒸しとポテトフライの組み合わせ。フランスではステーキとポテトフライはビストロの定番。目玉焼きとポテトフライを組み合わせたウエボ・コン・パタタスはスペインの人気料理。ポテトフライにグレービーソースとチーズをかけたプーティンは、カナダのケベック州で愛されている「ふるさとの味」。

◉マッシュポテト

マッシュポテトは、ゆでるか、焼くかしたジャガイモをポテト・ライサー［ジャガイモをつぶすための道具］やマッシャー、フォークなどでつぶした料理。ジャガイモの皮はゆでる前にむいても、ゆでてからむいてもよい。ジャガイモをつぶすときに、バター、クリーム、チーズ、サワークリーム、ミルクまたは卵などを加え、塩、コショウ、ニンニク、ベーコンビッツ［ベーコンをカリカリにローストして細かく砕いたもの］、スパイス、ハーブなどで味つけする。

マッシュポテトのレシピが登場したのは18世紀中頃。ハンナ・グラッセの『料理の技法 *The Art of Cookery*』（1747年）にはわりとシンプルなレシピが載っている。「ジャガイモをゆでて、皮をむき……しっかりつぶす。ジャガイモ2ポンド［約900グラム］につきミルク1パイント［約550ミリリットル］を加え……よく混ぜてから食卓に出す」

19世紀中頃、アメリカではさまざまな種類や形のポテト・マッシャーが特許を取得した。その中のひとつポテト・ライサー（細かい穴が開いたプレートにジャガイモを載せてハンドルを押すと、穴からマッシュポテトが出てくる装置）は19世紀末に人気だった。20世紀中頃にはフリーズドライのマッシュポテトが市販されるようになった。

マッシュポテトからポテト・コロッケやポテト・パンケーキなどをつくることもできる。公爵夫人のポテトという意味の「ポム・デュッセス」は、19世紀後半にフランスで発明された料理で、マッシュポテトに卵とクリームを加え、絞り出し袋でリボンやバラなどのしゃれた形に絞り出し、オーブンでこんがり色づくまで焼く料理。

●ポテト・ダンプリング

ポテト・ダンプリング［ジャガイモやコムギを練ってゆでた団子］には、ジャガイモを生地にするものや、ジャガイモを具にして詰めるものまでさまざまな種類がある。ゆでても焼いてもよい。油で揚げて、あつあつを食べる場合もある。スラブ諸国にはピエロギという料理がある。これは小麦粉の生地にマッシュポテトを詰めて小さな半円型に成形したものだ。スウェーデンのポテト・ダンプリングは、パルト、もしくはピーテパルトといい、ジャガイモと小麦粉などからつくった生地に細切れにした塩豚肉を詰めたものが多い。イタリアのニョッキは小麦粉を団子状にしたもので、古代ローマの時代からつくられていたが、17世紀以降生地にジャガイモが混ぜられるようになった。

ポテト・ダンプリングは、ドイツの多くの地方の伝統料理だ。テューリンゲン州では、生のジャガイモとゆでたジャガイモを混ぜてつくるダンプリングが有名。ハイヘルハイムという街にはテューリンゲン・クレーセ博物館というダンプリングの専門博物館がある。

アメリカ生まれのランフォード伯は、バイエルンで貧しい人々への炊き出しの方法を研究し、ジャガイモを使ったさまざまな料理を提案した。次に彼のレシピを紹介しよう。

◎たいへん安価なポテト・ダンプリングのレシピ

ジャガイモ適量を固めにゆで、皮をむき、おろし金で粗くおろす。ごく少量の小麦粉（ジャガイモに対して16分の1くらい、もっと少なくても可）を混ぜ、塩、コショウ、香草を加える。そこに熱湯を加え適当な固さになるまでよくこね、大きいリンゴくらいの団子（ダンプリング）に成形する。ゆでるとき煮崩れないように小麦粉をしっかりまぶすこと。沸騰した湯に入れて表面に浮かぶまでゆでる。表面に浮かんでしばらくしたら出来上がり。

ダンプリングに、細かく砕いた干し肉を少々、もしくは燻製ニシンの粉末を混ぜるととても風味がよくなるだろう。

揚げたパンを混ぜてもいいが、塩をふるだけでも立派な料理になる(8)。

◉スープ、シチュー、チャウダー

ヨーロッパでは、ジャガイモは当初、粥、スープ、シチュー、チャウダーなどの料理に取り入れられた。17世紀後半から、ジャガイモのスープやシチューのレシピが多くの料理書に載るようになった。ジャガイモのスープはとくにドイツで人気だった。

「チャウダー chowder」という言葉は、フランス語で古くは大鍋を意味した「ショディエール chaudiere」に由来する。このシンプルな魚介類のシチューを発明したのはフランス沿岸部の漁師たちだった。材料はつくる場所や季節によって異なるが、魚介類とジャガイモはほぼかならず入っているようだ。濃厚な、しっかりした味つけの料理だが、形がなくなるまで煮込むことはしない。チャウダーはイギリスに渡り、コーンウォールの漁師たちの名物料理になった。そしてイギリス人植民者とともに大西洋を渡り、カナダ東海岸のニューファンドランド島やアメリカ北東部のニューイングランド地方に伝わった。レシピは18世紀中頃からイギリスの料理書に載るようになった。

アメリカ人トーマス・F・デボーは著書『市場の助手 *The Market Assistant*』(1867年)で、タラとジャガイモの伝統的なフィッシュ・チャウダーのレシピを紹介している。

◎フィッシュ・チャウダー

タラ6~7ポンド［約3キロ］を、約1インチ［約2・5センチ］の厚さに切る。中くらいの大きさのジャガイモ6~7個を薄切りにする。塩漬け豚肉1ポンド［約450グラム］も薄く切ってこんがりと焼く。しっかり火が通ったら鍋から豚肉と油を半量取り出す。鍋にタラを敷き、その上にジャガイモと豚肉、乾パン少々を載せる。この順番で材料をすべて鍋に入れる。水約1リットル、ミルク約550ミリリットルを注いで、塩とコショウを好みで加えて、20分間煮る。タマネギが好きな人は、タマネギ少々を加えてもいい。

ジャガイモのスープは進化を続けている。ヴィシソワーズという、リーキ〔西洋ニラネギ〕とジャガイモの冷製スープが登場したのは1917年、ニューヨークのホテル、ザ・リッツ・カールトンのシェフ、ルイ・ディアのアイデアによるものだった。スープを考案したのはディアではなかったようだが、彼が最初に「ヴィシソワーズ」と命名し、アメリカではいまもこの名前で呼ばれている。

ジャガイモスープは安価で栄養もたっぷりあるため、貧しく、腹を空かせている人たちの胃袋を満たすには便利だった。次にランフォード伯が考案したレシピを紹介しよう。簡単だが、炊き出しとして長期間提供するにはもってこいだ。

水と精白した(スープ用)丸ムギを最初に釜に入れて、煮立たせる。そこにエンドウ豆を加え弱火で約2時間煮込む。次にジャガイモを加える(ジャガイモはあらかじめ包丁で皮をむいておくか、皮がさっとむけるようにゆでておく)。さらに1時間強、木のスプーンかレードルで絶えずかき混ぜながら、ジャガイモが完全に煮崩れて、スープ全体が均質になるまでよく煮込む。仕上げに酢と塩を加え、食卓に出す直前に小さくちぎったパンを載せる。(9)

18世紀、アイルランドのシチューは伝統的にヒツジ肉（たいていネック肉）、ジャガイモ、タマネギ、パセリを煮込んだものだった。カブ、パースニップ、ニンジン、オオムギなどを加える家庭もあった。料理にもっぱらヒツジの肉が使われたのは、ヒツジがアイルランド経済の要（羊毛やミルクなど）だったからだ。シチューの材料になるのは老いたヒツジだけだったので、おいしく食べられるようになるまで何時間も煮込む必要があった。いまも伝統的なシチューをつくるときは、柔らかい子ヒツジの肉を使う場合でも野菜がとろけるまで何時間も煮込む。するととても濃厚で、栄養価の高いスープが出来上がる。このシチューは1800年頃にはすでにアイルランドの国民的料理として認められていた。

アメリカで出版されたN・K・M・リー夫人の『料理人自身の本 *The Cook's Own Book*』（1832年）に、アイルランドと同じ材料、同じ方法でつくるアイリッシュシチューのレシピが掲載されている。ただし、アメリカでは子ヒツジやヒツジの肉がありあまっていたわけではないので、他の肉で代用された。今日、アイリッシュシチューをつくるときに使われているのは何といっても子ヒツジの肉だ。

◉ジャガイモパン

農家がジャガイモから粉をつくる方法を発見するのに、長い時間はかからなかった。そして次の段階として、ジャガイモ粉をコムギやライムギの粉に混ぜてパンをつくるようになった。18世紀初頭に出版された本には、ジャガイモのパンに言及しているものもある。当初ジャガイモの粉は、おそらく、コムギやライムギの粉に比べて安価だという理由で、とくに飢饉や食糧難の時期に利用されたのだろう。しかし、その後ジャガイモ粉——またはマッシュポテト——を加えたほうがおいしいパンができると考えるパン職人も現われた。いずれにせよ、ジャガイモからは、パンのもちもちした食感やふっくらした焼き上がりに欠かせないグルテンが生成されないため、ジャガイモ粉だけでは申し分のないパンはできないはずだ。1744年のジャガイモパンのレシピはいたってシンプルだ。

この根茎［ジャガイモ］は、カブ同様、トウモロコシが不作のとき、パン作りにしばしば利用される。しっかりゆでたジャガイモを、同量の小麦粉と混ぜて普通のパン生地のようにしっかり練って焼く(10)。

ドイツでは、ジャガイモのパンにスペルトコムギやライムギを混ぜる場合もある。アイルランドのプレイティー・オートゥンは、マッシュポテトと押しオーツムギが材料。スコットランドのトティースコーンは、マッシュポテトと小麦粉適量を混ぜて生地をつくり、円筒形にのばしたものをカットして焼く。イギリスでは19世紀にジャガイモケーキのレシピがよく登場した。

◉現代のジャガイモ料理

言うまでもなく、世界には星の数ほどもジャガイモ料理がある。日本の肉じゃがは肉とジャガイモの煮込み料理。ジャガイモ料理の中でもとくに人気がある。中東にも、モロッコのタジン鍋料理（ジャガイモ、サフラン、レモン、グリーンオリーブを蒸した料理）をはじめたくさんのジャガイモ料理がある。スペインのトルティーヤ・デ・パタタスは、薄くスライスして焼いたジャガイモを溶き卵で包んだボリュームたっぷりのオムレツ。スペインで大人気の小皿料理《タパス》のひとつがパタタス・ブラバス。ひと口大にカットしてさっと揚げたジャガ

左上から時計回りに、中国の土豆絲、モロッコのタジン鍋料理、スペインの自家製パパス・コン・チョリソ、日本の肉じゃが（牛肉とジャガイモの煮込み）

イモにピリッと辛みの効いたソースをからめた料理だ。メキシコでは朝食に、トーストやトルティーヤと一緒にパパス・コン・チョリソ（食べやすい大きさにカットしたジャガイモをチョリソ・ソーセージと炒めた料理）を食べる。中国の土豆絲《トウドウスー》は、千切りか薄切りにしたジャガイモを、コショウ、ニンニク、ショウガなどのさまざまな薬味と炒めた香ばしい料理。カナダでは、薄切りにしたジャガイモ、タマネギ、パン粉、ミルクなどでつくるスキャロップポテト［ポテトグラタン］が伝統料理。

第5章 ◉ ジャガイモ製品あれこれ

ジャガイモは、栽培が簡単で生産性が高いため、たいてい安い。その結果、ジャガイモを原料にした多くの加工食品が——数種類の飲物まで——つくられている。世界各地で栽培されているジャガイモは、昔から、ゆでたり焼いたりして利用するものが大多数だったため、多くの品種がそれに向くように開発された。たとえば北米で栽培されているラセットポテトという主要品種は、水分含有量が少なくデンプン質が豊富なため、焼くのに向いている。一方ラウンドホワイトポテトは、水分含有量が多くデンプン質が少ないため煮崩れしにくく、通常ゆでて調理する。イギリスでは、マルフォナやビバルディという品種は通常焼いて、ハーモニーやオスプリーという品種はゆでて食べる。エスティマ種は、煮るのにも焼くのにも向いている。

上：市場に並ぶさまざまなジャガイモ。下：麻袋に入ったジャガイモ。有機栽培のフィンガリングポテト、レッドポテト、パープルポテト、ジャガイモ、サツマイモ

今日、世界中で栽培されているジャガイモは、ほとんどが焼いたりゆでたりして調理するのではなく、商業用に加工されている。19世紀、ジャガイモを原料とする商業製品には、ジャガイモデンプン［片栗粉］、ジャガイモ酵母、ジャガイモ糖、シュナップス［ジャガイモからつくられる蒸留酒］、そして——これは外すわけにはいかない——ウォッカ［オオムギ、コムギ、ジャガイモなどを原料とする蒸留酒］などがあった。

19世紀、コムギやサトウキビなどの農作物の価格が値下がりしたため、こうしたジャガイモ製品は以前ほど見かけなくなったが、今日でも一部は製造されている。ジャガイモデンプンはソースやスープにとろみをつけるとき小麦粉の代わりに用いられる。ユダヤ教の過ぎ越しの祭では小麦粉の使用が禁止されているので、祭の期間に焼かれる丸いパンの原料にジャガイモ粉が代用される場合がある。これはパンのレシピに取り上げられることもある。

グルテン過敏症の人たちにはありがたいことに、ジャガイモにはグルテンが含まれていない。ジャガイモデンプンはガム、食品香料、増粘剤の製造など多くの食品産業で利用されている。動物の飼料、医薬、化学薬品、製紙、建築、燃料アルコールの抽出にも応用されている。

店頭に並ぶ採れたてのジャガイモ。赤いもの、白いもの、新種もある。オタワの台所バイワードマーケットにて。

◉ルーサー・バーバンク

19世紀中頃のジャガイモはいまより小ぶりで、見場も悪く、大きさも均一でなかった。1872年、マサチューセッツ州ルーネンバーグの素人園芸家ルーサー・バーバンク［1849〜1926］は、庭で「アーリーローズ」という品種のジャガイモの茎に、種が入った果実が成っているのを発見した。アーリーローズに果実が成るのはめずらしいことだったので、バーバンクは、種を植えたらどんなイモが成るのか知りたくなった。果実から採れた23の種子はすべて発芽して成長し、形・大きさ・色が異なるさまざまな実をつけた。その中に、非常に多産で、茶色い皮の、大きく白い肉の塊茎をつけたものがあった。バーバンクはこれを増やし、1875年に種子商を説きふせてこの品種の権利を売った。そして農場を処分してカリフォルニア北部のサンタローザへ移り住み、果物や野菜の品種改良に大々的に取り組んだ。

1914年、コロラド州の農夫が、自分が育てているバーバンク種のジャガイモの中に赤褐色の皮のものがあることに気づき、それを元にラセット・バーバンク種と呼ばれる品種をつくり出した［ラセットは赤褐色という意味］。ラセット種の普及には時間がかかった。1930年代には全米で栽培されているジャガイモの4パーセントに過ぎなかったものの

上：ラセット・バーバンク。今日もっとも重要なジャガイモの商業品種。下：ジャージー・ロイヤル・ポテト。フランス、ノルマンディー沖のジャージー島でのみ栽培されている。

市場での評判はよく、アイダホ州の農家もラセット・バーバンク種の栽培をはじめたのだが、依然として売り上げは伸びなかった。

もちろん、ラセット・バーバンクはジャガイモの1品種に過ぎない。『世界ジャガイモ・カタログ *World Catalogue of Potato Varieties*』には4500以上のジャガイモの品種が掲載され、これらは「青／紫色」「ピンク／赤色」「褐色」「白／黄白色」「黄色」といった具合に皮の色に基づいて大きく5つに分類されている。ジャガイモの繁殖は今日巨大ビジネスであり、遺伝子組み換えジャガイモが商品作物に占める割合が多くなれば、その規模はさらに拡大するだろう。

●ポテトチップスとフライドポテト　その2

20世紀初頭のアメリカでは、フライドポテトは、喫茶店、食堂、ドライブインなどで時折お日にかかる食べものだった。ただし、指でつまんで食べられるおいしいこの料理は準備に相当な手間がかかった。

調理人は、注文を受けるごとにジャガイモの皮をむいてカットしなくてはならないが、ジャガイモは皮をむいてからすぐに調理しなければ黒ずんでしまうし、油（当時はラードが主流だった）の温度を170度から180度に一定に保たねばならず、鍋に入れるジャガイモの量が多すぎると油の温度が下がってぐにゃぐにゃと油っぽいポテトになってしまう。おまけに、出来立てをあつあつで出さないと、すぐに水っぽく、くたっとしてしまう。調理人は、こうした厳しい条件をクリアできるように訓練を受けねばならなかったが、それには時間がかかった。さらに、煮えたぎる油が入った大鍋の近くで作業をすれば大惨事につながるおそれもある。正直なところ、フライドポテトは割に合わないというのが多くのレストラン経営者の意見だった。

しかし第二次世界大戦がはじまると、アメリカでは肉が配給制になって品薄となった。喫茶店、食堂、軽食堂、ドライブインではパティのサイズを小さくするか、ハンバーガーに代わる料理を提供しなくてはならなくなった。一方、一度も配給制にならず、安価で、たっぷり在庫があったのが、じゃがいもだった。こうしてフライドポテトは、全米の多くのレストランの定番メニューに昇格することになった。

戦後配給制が終わる頃には、アメリカ人はフライドポテトが好きになっており、フライドポテトの売り上げも増加した。ホワイトキャッスル［1921年創業のハンバーガー・レストラン］のように、フライドポテトを揚げる作業は従業員に危険だという理由でメニューから外したレストラン・チェーンもあったが、1950年代に入ると、より安全なフライヤー［揚げ機」が販売されるようになり、フライドポテトはファストフード産業に欠かせない商品になった。

フライドポテトはハンバーガーより利益率が高いため、当時創業されたばかりのマクドナルドの主力商品だった。創業者であるリチャードとモーリスのマクドナルド兄弟は、フライドポテトが自分たちの成功の鍵を握っていると確信した。ふたりは調理法の無駄を極限まで省き、ハンバーガーとポテトの相性のよさを宣伝した。彼らが選んだジャガイモはラセット・バーバンク種で、毎日皮をむいて細い棒状にカットし、カリッと揚がる特製フライヤーで調理した。

1960年代にチェーンが拡大すると、マクドナルド兄弟はジャガイモをあちこちの農家から仕入れるようになったため、フライドポテトの均質性にほころびが生じた。1961年にマクドナルド兄弟からマクドナルドを買収したレイ・クロックは、ポテトの原料を準備してフランチャイズ店に配達するより効率的な方法を模索しはじめた。

冷凍フライドポテトは1946年から製品化されていたが、家庭の主婦には面倒な揚げものは敬遠され、冷凍ポテトの味そのものもさえなかった。1953年、アイダホ州でジャガイモ栽培農家を営んでいたJ・R・シンプロットが冷凍ポテトの製造を開始し、4年後、カナダのメーカー、マッケインフーズもこれに続いた。この新商品を使えば、ジャガイモの

フライドポテト製造の一場面。ルトサのあたらしい冷凍食品工場の正式公開にて。ベルギー、ルーズ=アン=エノー。2004年。

皮をむいてカットする作業は省けたが、それでも油で揚げないわけにはいかないので、家庭の料理人たちは二の足を踏んだ。揚げものによる事故や火災が絶えなかったため、レストラン経営者の関心も低かった。

シンプロットは、自分の冷凍ポテトの真の市場は台頭著しいファストフード産業だと目星をつけ、冷凍ポテトによる労力削減のメリットに興味を示してくれそうなチェーン店を探した。1965年、シンプロットとレイ・クロックの出会いがフライドポテトの運命を一変させる。シンプロットの企業と提携したマクドナルドの研究者は、生のジャガイモを風味と食感を損なわずに冷凍する方法を開発した。さらに最高の風味を引き出すために、マクドナルドをはじめとするファストフード・

チェーン店は、大豆油7パーセント、牛脂93パーセントの油でポテトを揚げることにした。

アメリカのファストフード・チェーンが世界的規模で展開をはじめると、伝統的に「チップス」という言葉を使っていた英語圏の国を含む、世界の大半の国でフライドポテトは「フライ」［日本ではフライドポテト、もしくはポテトという呼び方が一般的］と呼ばれるようになった（「フィッシュ&チップス」という名前は例外的に残った）。

フライドポテトにどんな調味料が合うかについては、国ごとにささやかだが強いこだわりがある。塩は王道だが、その他は地域によって特徴がある。

アメリカでは何といってもケチャップが人気だが、イギリスでは魚のフライと盛り合わせになったチップス［フライドポテト］にはモルトビネガー［酢の一種］やタルタルソースが一般的。ベルギーではマヨネーズ、オランダではインドネシア風サテソース［ピーナッツ風味の甘いソース］が好まれる。カナダでは、英語圏の地域ではホワイトビネガー［醸造用アルコールを発酵してつくるマイルドな酢］をかけるが、ケベック州［フランス系住民が多数派を占める州］にはプーティンという料理がある。これはフライドポテトにチーズカード［ミルクに酸などの酵素を加えて凝固させたフレッシュチーズの一種］とグレービーソースをかけた料理。

ブルガリアではシレーネという白いブラインチーズ［塩水につけて塩を添加したチーズ］を、ポーランドではガーリック・ソースをつける。フィリピンではチーズソース、ベトナムでは

マッケイン社の製品。フランスのマッケイン社の工場では毎日600トンの冷凍フライドポテトが製造される。

バターと砂糖が人気。ニュージーランドではワッティーズ（ニュージーランドのトマトケチャップ・メーカー［現在はハインツに買収されている］）のトマトソースが根強い人気を誇る。

●フライドポテト問題

１９８９年、マクドナルドがフライドポテトを揚げる油に牛脂を使っていたことがあきらかになると、菜食主義者たちは、マクドナルドは顧客に対する説明義務を怠ったと憤慨した。１９９０年、マクドナルドは鳴り物入りで、油を「天然由来の香味料を添加した」植物性油に切り替えたと宣言した。しかしその「天然香味料」に牛脂が入っていたことが露見すると、インドのヒンドゥー教徒たちはボンベイ［現在のムンバイ］のマクドナルド店を襲撃し、ドナルドの像に牛の糞を塗りつけた（マクドナルドはインドの店ではいかなる牛製品も使用したことはないといった）。アメリカでは、12人の菜食主義者が、フライドポテトには植物性の原料しか使用していないと偽ったと、マクドナルドを訴えた（マクドナルドはそんな主張はしていないと否定している）。結局、マクドナルドは示談に踏み切った。そしてホームページに謝罪文を掲載し、菜食主義者の団体に１０００万ドル、訴訟を行なった12人にも賠償金を支払うことに同意した。

マクドナルドはフライドポテトの調理法を改良し続けた。ファストフード企業としてはじめて調理時間と温度を自動制御するコンピュータを導入し、これにより冷凍ポテトを30秒から40秒ほど短い時間で揚げられるようになった。何百万人という顧客がフライドポテトを注文するので、わずかな時間の節約で設備投資分は簡単に回収できた。エリック・シュローサーは『ファストフードが世界を食いつくす』(楡井浩一訳。草思社。2001年)で、マックポテトの独特の味はジャガイモの品種やジャガイモを処理する技術、あるいは揚げる機械によるものではない――他のチェーン店も同じ産地からジャガイモを仕入れ、同じ設備を使っているのだから――あの味は油に加えられた化学調味料によるものだと指摘する。

この半世紀でファストフードのポテト1人前の量は着実に増加した。当初マックポテトの「ラージ」サイズはたった2オンス(57グラム)だった。1970年代、「スモール」サイズが2オンスに、あらたな「ラージ」サイズは6オンス(170グラム)になった。その後、マクドナルドはラージサイズの上をいく「スーパー[特盛]サイズ」8オンス(227グラム)を売り出した。外部からの圧力によって(マクドナルドでスーパーサイズを30日間食べ続けたときに生じる健康被害を実証したといわれる、『スーパーサイズ・ミー』というドキュメンタリー映画もその圧力のひとつだろう)、マクドナルドはスーパーサイズの販売を中止したが、他のファストフード・チェーンは8オンスのフライドポテトの販売を続けている。

現在、フライドポテトはアメリカで抜群の人気を誇るファストフード。冷凍ポテトの年間売上高は過去50年間で爆発的に増加した。１９７０年、アメリカで冷凍ポテトの売り上げが生のジャガイモの売り上げを上回った。２０００年、全世界の冷凍ポテトの生産高は19億ドルを上回った。２００４年、アメリカでは34億キログラムの冷凍ポテトが消費され、そのうち90パーセントが外食用店舗で販売されている。

一部のファストフード店は冷凍ポテトに依存する風潮に反発して、自分の店のポテトは、その場でカットした生のジャガイモを使っていると胸を張る。

カリフォルニアのＩｎ－Ｎ－Ｏｕｔ（イネナウト）バーガーは季節ごとにケネベック種とラセット種を使い分ける。生のジャガイモを店で調理人がカットし、すぐにたっぷりの綿実《めんじつ》油《ゆ》「ワタの種子からつくられる、風味にすぐれたヘルシーな油」で揚げる。Ｉｎ－Ｎ－Ｏｕｔバーガーには、通常のフライドポテトの他に、飴色になるまで炒めたタマネギのみじん切りととろとろのチーズをトッピングした「アニマルスタイル・フライ」やポテトを二度揚げしてカリッとした食感を際立たせた「フライ・ウェルダン」という特別メニューがある。

ファイブガイズ・ハンバーガーは、ワシントンＤＣのメトロエリアを拠点とする店で、毎日店で新鮮なジャガイモの皮をむいてカットしている。アメリカには他にもこうしたこだわりのある小規模チェーン店やレストランがある。

アメリカのファストフード・チェーンが海外に進出するのに伴い、冷凍ポテトの製造も海外で行なわれるようになった。ラセット・バーバンク種は現在世界中の国で栽培されている。2004年現在、アメリカは世界最大の冷凍ポテトの生産国であり、第2位はオランダ、第3位がカナダだ。

◉ポテトチップスの誕生

広く流布している説によれば、ニューヨーク州の保養地サラトガのムーン・レイク・ハウスホテルでコックをしていたジョージ・クラム［1828〜1914］が、超薄切りポテトを油で揚げた最初の人物といわれている。これはサラトガ・チップスと呼ばれ、肉料理やジビエ料理の付け合わせとされるようになった。

ただし実際には、生のジャガイモを油で揚げる「シェービング［削りくずという意味］」のレシピは、1824年頃からアメリカの料理書に登場しているのであり、極薄の「サラトガ・チップス」も、クラムが雇われる前からムーン・レイク・ハウスホテルでアイスクリームの付け合わせにされたり、お菓子のように紙袋に入れて売られたりしていた。発明者が誰かはともかく、「サラトガ・チップス」やポテトチップスのレシピは1870年代初頭からたび

ポテトクリスプ。アメリカでは「チップス」という。

たびアメリカの料理書に登場するようになった。

1890年代に入ると、ボストンのジョン・E・マーシャルや、オハイオ州クリーブランドのウィリアム・タッペンドンなど多くの製造業者がポテトチップスの大量生産を開始した。当時のポテトチップスは樽に入れて食料雑貨商へ卸された。店主はポテトチップスを紙袋に入れて販売し、客はこれをオーブンで温めて食べた。残念なことに、こうした商品はたいがいしけっていたので、まったく人気がなかった。1930年代、ポテトチップスが真空パックの袋で販売されるようになって包装問題は解決されたが、その頃には、ポテトチップスは料理の付け合わせというよりスナック食品になっていた。

イギリスでは1920年代にアメリカ式ポテトチップスの大量生産がはじまった。イギリスのメーカーは「チップス」「フライドポテト」との混同を避けるため、この商品を「ポテトクリスプ」、もしくはたんに「クリスプ」と呼んだ。

●ビッグビジネス

1937年、テネシー州ナッシュビルの野心的なビジネスマン、ハーマン・W・レイは、アトランタとメンフィスに工場を持つスナック食品会社バレットフーズを買収した。「レイ」

ブランドの最初の商品はポップコーンで、1938年にポテトチップスの製造が開始された。

第二次世界大戦が勃発し、アメリカで当初ポテトチップスは不要食品に指定された。このままではポテトチップスの製造を中止しなくてはならなくなる。あせった製造業者たちは軍需生産委員会に指定を取り下げるように働きかけ、その努力は実り、戦争中のポテトチップスの売り上げはむしろ増加した。砂糖やチョコレートが配給制になったため、飴などの甘いお菓子が手に入れにくくなったこともさいわいした。

戦争が終結する頃、ハーマン・レイの工場は地元大手のスナック食品メーカーになっていた。戦後、レイ社はポテトチップスの製造をオートメーション化し、製品を多角化した。1945年、レイはテキサス州サンアントニオで、フリット・コーンチップス（フリトス）を製造しているエルマー・ドゥーリンと出会う。ドゥーリンは、ハーマン・レイにフリトスの営業販売許可を与えた。フリット社とレイ社は他の製品についても提携を結んだ。1958年、フリット社は、ディップ専用のポテトチップス、厚切りで「波型の」新商品「ラッフルズ」の権利を取得した。1961年、フリット社とレイ社は合併してフリトレー社となった。

1960年代、プロクター・アンド・ギャンブル社がプリングルズを発表した。プリングルズは、乾燥させてフレーク状にしたジャガイモを再形成するため、ポテトチップスと違い、大きさや形が均一になり長い筒に詰めることができる。ポテトチップ業界はプリングルズを「ポテトチップス」と呼ばせないようにするため、プロクター・アンド・ギャンブル社を訴えた。審理は1975年に終わり、アメリカ食品医薬品局は、プリングルズを「脱水加工したジャガイモを原料とするポテトチップス」と定義した。

アメリカ国民は年間60億ドルのポテトチップスを購入している。アメリカ人は年間ひとりあたり7・7キログラムのポテトチップスとシューストリング・ポテト［ジャガイモを細い棒状に成型して揚げたスナック］を消費しているというわけだ。アメリカ以外の国々でも年間60億ドルがポテトチップスに注ぎ込まれている。

1994年、ペプシコ［1965年、フリトレー社とペプシコーラが合併して設立された巨大食品会社］は、30か国で10万人を対象にアンケートを行なったうえで、ポテトチップスを世界でもっとも人気のあるスナック菓子にしようと決めた。彼らは「レイ」ブランドを利用してアメリカ以外の国にも販売網を広げ、大々的に宣伝活動を行なうことにした。海外に現地生産工場を建設し、消費者調査を行ない、地域ごとに異なる味のポテトチップス――韓国ではエビ味、東南アジアではイカピーナッツ味など――を開発した。

アメリカ式のポテトチップスが世界市場になだれ込み、イギリス発の「クリスプ」は多くの国で劣勢を強いられている。とはいうものの、イギリスで最大のシェアを誇るのはウォーカーズのクリスプ。各国のメーカーも、独自の味を開発し新商品を発売した。たとえば、イ

ケープコッド・ポテトチップス

ギリスで展開しているアイルランドのメーカー「テイトー」は、酢漬けタマネギ味、エビ・カクテル味、ローストチキン味などのクリスプを販売した。

●その他のジャガイモ製品

過去には、多くのウォッカがジャガイモからつくられていた。現在ほとんどのウォッカは穀物、またはトウモロコシを原料とするが、今でもときおりジャガイモのウォッカが復活する。

第一次世界大戦中、ドイツは自国のありあまるジャガイモを利用して不足する食料を補おうとした。また、ジャガイモからさまざまな新製品をつくろうと試みた。そのひとつがジャガイモを原料とする燃料アルコールで、これはガソリンの代用品として利用された。ジャガイモ・アルコールの製造過程でできたドロドロの廃棄物は家畜の餌になった。今日、ジャガイモ・アルコールはエネルギー問題の解決策候補と目されている。

ティタートッツはひと口大の俵型に成形した冷凍ハッシュブラウン。1953年、冷凍フライドポテトをつくるときにできるジャガイモの細かい切りくずを有効活用するために冷凍食品会社のオレアイダ社が開発し、1954年に発売された。ティタートッツはアメリカのファストフード・チェーン、ソニック・ドライブインの定番メニューでもある。チーズとチリソースの両方、もしくはどちらかをトッピングする。バーガーキングには親指大のハッシュドポテトの中にモッツァレラチーズとチェダーチーズが入った「チージートッツ」もある。

ティタートッツにはいろいろな名前がある。オーガニック食品で有名なカスカディアンファームは、有機栽培のジャガイモを原料とするスパッドパピーズを販売している。タコタイム［メキシコ料理を提供するファストフード・チェーン］は、メキシコ風のスパイスで味つけするか、チーズとハラペーニョのみじん切りを入れたメキシー・フライを1960年代から提供している。タコベル・チェーン［タコタイムと同じ］にはメキシー・フライとよく似た味つけのメキシー・ナゲットがある。アメリカ以外の国のメーカーも似たような製品を製造している。たとえば、オーストラリア、ニュージーランド、イギリスにはポテトジェムズという商品がある。カナダのマッケインフーズが販売しているものはテイスティテーターという。

その他に、さまざまな食品をつくるときに利用される乾燥ポテトフレーク［日本では乾燥マッシュポテトと言う場合が多い］という製品もある。カナダの研究者エドワード・A・アッセルベルフスは1962年、長期間の保存が可能で、家庭、キャンプ、あるいは戦場での配給食に便利なポテトフレークを発明した。一般にマッシュポテトをつくるときに重宝されているが、フライドポテトや、プリングルズタイプのポテトチップスの原料でもある。スナック菓子、ベビーフード、パン、ケーキ、ビスケットの製造にも幅広く利用されている。

２００２年以降、穀物の価格が急騰したため、ジャガイモの生産が今後も、とくに開発途上国で拡大されるのは間違いないだろう。ジャガイモは汎用性が高く安価であるため、これからもさまざまな形で商業的に利用されるだろう。

◉不健康なジャガイモ

生のジャガイモには栄養がたっぷり含まれている。しかし、料理の過程で健康によい成分が減ってしまったり、皮を厚くむくことによってビタミンや食物繊維が損なわれてしまったりする。水で調理する場合は、スープのように、調理に使った水が完成した料理に含まれないかぎり、ビタミンが失われてしまう。油で揚げたり、焼いたりするとき、ベーコンの脂やバターを使うと、飽和脂肪酸やコレステロールまで摂取するはめになる。ベークドポテトの申し分ない栄養バランスも、バター、グレービーソース、サワークリームをたっぷりかければ台無しだ。

メキシコのポスター。加工されていない生のジャガイモの利点を訴えている。「買う前に比べてみよう」と大書されている。

植物性の油で調理したものであっても、フライドポテトやポテトチップスなどの加工製品には脂肪やトランス脂肪酸、塩分がたっぷり含まれており、概して栄養に乏しいと批判される。これは、とくに子供や10代の若者たちには問題だろう。アメリカの子供が食べているすべての野菜のおよそ4分の1はポテトチップスかフライドポテトなのだから。10代の若者の場合、その割合は3分の1にまで上昇する。

ジャガイモの加工製品は、栄養はほとんどないのにカロリーはたっぷりだ。たとえば、フライドポテトのラージサイズ（169グラム）には539キロカロリー、ポテトチップスにはたった1オンス（28グラム、約10枚）で150キロカロリーの熱量がある。何かをつけて食べれば、もちろんカロリーはさらに増える。1カップのマッシュポテトとバターで237キロカロリー、グレービーソースか追加のバターをつければ、カロリーはさらに増す。このようにカロリーが高いため、多くの人がたいていのジャガイモ料理を敬遠するようになった。

こうした認識を改めてもらおうと、ジャガイモ関連企業は、ジャガイモの栄養学的利点を強調する販売促進プログラムに取り組んでいる。たとえば、オーストラリアのウェスタンポテト社は、ジョー・ビアーの『ジャガイモダイエット――良質の炭水化物なら太らない *The Potato Diet: Good Carbs Don't Make You Fat*』を出版するなどのキャンペーンに着手している。

こうした努力にもかかわらず、北米とヨーロッパではここ10年ジャガイモの消費量が減少している。

第6章 ◉ ジャガイモと文化

ジャガイモは歴史、料理、経済の分野で重要な役割を果たしてきたばかりではない。ヨーロッパと南北アメリカ大陸の文化でも大活躍だ。太古の時代からその姿は彫刻やレリーフに刻まれてきた。南米の古代文明から現代まで、美術、演劇、歌、遊び、政治にも登場している。

◉ジャガイモと美術

古代南米文明の土器にはジャガイモを象《かたど》ったものがある。ペルー北部沿岸で繁栄したナスカ、チムー、モチェ文化の遺跡からもジャガイモの土器が出土している。インカ帝国の人々もジャガイモをモチーフにした土器をつくった。ジャガイモを模したり、ジャガイモに人間の顔をつけたりした壺もある。第1章で紹介したワマン・ポマ（ドン・フェリペ・ワマン・ポマ・デ・アヤラ）の書簡には古代ペルーのジャガイモの絵として唯一知られるものがおさめられている。ポマはペルーの皇族の子孫で、インカ時代のジャガイモの植え付けと収穫の様子を4枚の絵に描いた。この書簡はスペイン王に宛てられたものだったが、およそ300年間所在がわからなくなっていた。

ヨーロッパでジャガイモがはじめて描かれたのは1589年。この水彩画は現在ベルギー、アントワープのプランタン＝モレトゥス博物館に収蔵されている。薬草学の本には木版画が

上：チムー時代前期の壺。ふたつのトゥンタ（塊茎）を象っている。

下：インカ時代の壺。塊茎を模している。おそらく栽培種だろう。たくさんの「目（芽）」をつけている。

上：フィンセント・ファン・ゴッホ「ジャガイモを食べる人々」（1885年）。19世紀後半、貧しい農民の食事にジャガイモがどれほど重要だったかがわかる。
下：ジャン＝フランソワ・ミレー「馬鈴薯植え」（1861年頃）

ジョアン・ミロ「ジャガイモ」(1928年)

用いられていた。ジョン・ジェラードの『本草学』におさめられているのは出版されたものとしてはもっとも古いジャガイモの絵で、それから200年間ジャガイモの草と塊茎の絵は薬草学の本にたびたび登場した。

19世紀中頃、ジャガイモは絵画の世界に進出するようになった。アイルランドの画家ダニエル・マクドナルドの「ジャガイモ疫病の発見」(1852年頃)、フリードリヒ大王がジャガイモ栽培を視察する様子を描いたロベルト・ヴァルトミューラーの「ジャガイモ畑の王」(1896年)、ウィリアム・メリット・チェイスの「ジャガイモ畑」(1893年頃)、ウィリアム・ローゼンステインの「ジャガイモの植え付け」(1917年)、ジョアン・ミロの「ジャガイモ」(1928年)などの作品がある。「ジャガイモを食べる人々」は、もともとアイルランド人を指す差別用語だったが、フィンセント・ファン・ゴッホが1885年に同名の大作を発表した後は絵のほうが有名になった。オランダのつましい農民の家族が一日の終わりにわずかなジャガイモを分け合う姿が描かれている。

◉ジャガイモと俗語

「イモ potato」という言葉には、たくさんの俗語的な意味がある。たとえば、英語で何か

アメリカの玩具メーカー、コレコ社の「カウチポテト」人形の広告。1988年。

を「イモ」というときは、実体のある正しいものという意味になる。逆に「あまりきれいなイモではない」というと、あまりよくない、あてにならないものという意味になる。「小さいイモ」は、取るに足らない人や出来事を指すユーモラスな表現。一方、「腐ったイモ」には強い否定のニュアンスがある。ところがオーストラリアでは「イモ娘《ポテーター》」は若い娘や女性を指す俗語。アメリカで「ポテト（イモ）」はドルの隠語でもあり、「彼は15000ポテト稼いだ」といった具合に用いられる。

「カウチポテト」は20世紀後半に生まれた表現で、一日の大半をソファに寝そべって、たいがいテレビを見ながら過ごす人たちのこと。最近では「マウスポテト」という表現もある。

これはパソコンをいじってばかりいる人を指す。面白いことに、19世紀にも「マウスポテト」という言葉が広く使われていたが、当時はまったく意味が違って矮性《わいせい》［小形］のジャガイモを指す言葉だった。

ジャガイモそのものを表わす俗語もさまざまだ。「スポッド」は、鋤《すき》「スペード」のアイルランド訛りに由来する。スコットランドでは、ジャガイモは「タッティー」または「タティー」。アングロ・アイリッシュ系［アイルランド生まれのイギリス人］アメリカ人はジャガイモを「マーフィーズ」と呼ぶ［マーフィーはアイルランド人に多い苗字で、アイルランド人を揶揄する表現でもある］。「ポリーン」、「ポリー」は、とても小さなジャガイモを指すアイルランド西部の言葉。イギリスではとても小さなジャガイモを「チャット」という。アングロ・アイリッシュ系のジャガイモを指す俗語には「プラティー［プラット prat は人の尻、間抜けといった意味の俗語］」というのもある。「パウンディーズ」は、マッシュポテトの親しみを込めた呼び方。マッシュポテトとつぶしたカブ（ターニップ）を組み合わせたスコットランド料理は「ニープス・アンド・タティーズ」という。

17世紀後半、「アイリッシュ・ポテト」は、ジャガイモをサツマイモ（スイートポテト）と区別する一般的な呼び方だった。１７４５年にはアメリカで「アイリッシュ『テイター』［テイターはポテトの訛り］」という表現が使われていた。「Irish potato rings（アイルランドのジャガイモの輪／熱い食器などを置くための美しい細工が施された円筒。銀製が多い）」、「Irish potato merchants（アイルランドのジャガイモ商人）」といった表現はすぐに英語に取り込まれた。あまり中立的でない表現もある。「ポテト・イーターズ（ジャガイモを食べる人たち）」、「ポテト・ヘッズ（ジャガイモ頭）」は、アイルランド人を指す差別表現で、粗野で愚鈍な田舎者というニュアンスがある。スコットランドにも、アイルランドのジャガイモ農家を指す「タティー・ホーカー［ホーク howk は掘るという意味］」という差別表現がある。

●ジャガイモと遊び

ジャガイモはアメリカやヨーロッパの文化に溶け込んでいる。「ワンポテト、ツーポテト」という数え歌は遅くとも1914年頃から親しまれており、1942年には「ワンポテト、ツーポテト、スリーポテト、フォー」がフォックストロット［社交ダンスの一種目。中庸のテンポの4拍子の音楽に合わせて踊る］の曲のタイトルになった。

子供の遊びにはジャガイモを使ったものが多い。「ジャガイモ回し」は、子供たちが輪になって立ち、背中に手を回してジャガイモを渡していく遊び。「ホットポテト」は椅子取りゲームに似た遊び。遊びの名前は、「熱いジャガイモ（ホットポテト）のように」ぱっと手

ジノー・チュエリ、ジャガイモの肖像（2009年）。レバノンのアーティスト、チュエリがジャガイモを素材に選んだのは、ジャガイモの皮が人間の皮膚の色や手触りに似ており、成長し、年を取り、朽ちていく過程をも彷彿させるからだという。

放すという意味の慣用句に由来する（たとえば、思っていたほどいい人ではなかった古い友人とさっと縁を切るといったときに用いられる）。オックスフォード英語大辞典によれば、この表現がはじめて登場したのは1821年というからほぼ200年間俗語として使われていることになる。

1952年、ミスター・ポテトヘッドというあたらしいおもちゃが発売された。製作者はニューヨーク市ブルックリン在住のジョージ・ラーナーで、ハッセンフェルド・ブラザーズ［現在ハズブロ］という小さな会社によって製品化された。ミスター・ポテトヘッドは、デフォルメされた目、耳、鼻、口、眉毛、ひげのプラスチック製の顔のパーツ（うしろにピンがついている）と腕と足がセットになったおもちゃで、本物のジャガイモに突き刺して人形がつくれるようになっていた（その後相方のミセス・ポテトヘッドも誕生した）。本物のジャガイモをおもちゃにするのはばち当たりだ、母親たちの禁止令（「食べもので遊んじゃいけません」）に矛盾するという意見があったため、1964年にはプラスチック製のジャガイモがセットに加わった――こうして、へんてこりんな顔のパーツを、ごつごつした本物のジャガイモに好き勝手に突き刺す楽しみは永久に奪われた。

しかしいまだにポテトヘッドは健在で、映画「トイストーリー」に出演したり、人気ハリウッド映画の便乗商品「ポテトヘッド・スパイダーマン・フィギュア」になったり、イギリ

アメリカ海軍の戦艦「アイオワ」。ジャガイモの皮むき。

スで人気の不気味な「ミスター・ポテトヘッド処刑人」としてさまざまなグッズ（シール、マウスパッド、キーホルダーなど）に登場したりと、次々に新境地を開拓している。ポテトヘッド夫妻は本や映像などの世界にも進出し、『ミスター&ミセス・ポテトフッドのせかいりょこう *Mr and Mrs Potato Head Go On Vacation*』（2001年）や『ミスター・ポテトヘッドのいそがしい一日 *Mr Potato Head's Busy Day*』など子供向けの絵本やコンピュータゲームに登場している。

ジャガイモ関係のおもちゃはミ

スター・ポテトヘッドだけではない。第二次世界大戦中、イギリス海軍は圧縮空気を利用して数百メートル先へ手榴弾などの発射体を投射できるホールマン投射器を開発した。戦後、好事家たちがそのアイデアを活かし、圧縮空気とジャガイモを使ったスパッドガン、ポテトガン、ポテトキャノンなどさまざまな呼び名のジャガイモ銃をつくった。サイズはさまざまで、細かく刻んだジャガイモを弾にする小型のものから、ジャガイモを丸ごと1個発射する大きなものまである。ポテトガンは店でも販売されているし、手づくりすることもできる。

◉ジャガイモと音楽

ジャガイモは音楽、演劇、本や映画のタイトルにも登場している。1927年、ジャズ・トランペット奏者ルイ・アームストロングは「ポテト・ヘッド・ブルース」を録音した。1934年、R・C・ウォルシュは「ポテトサラダの王様」という喜劇を執筆した。1950年代、英国映画協会は、ピーター・ケネディとアン・ドライバーがプロデュースした映画「ワンポテト、ツーポテト」を公開した。1970年代、メアリー・クナップとハーバード・クナップは、子供の発達に与えるゲームや遊びの影響に注目した『ワンポテト、ツーポテト……アメリカの子供たちが受けている秘密の教育 *One Potato, Two Potato... the*

Secret Education of American Children』という心理学関係の本を発表した。
1962年5月5日、ポップシンガー、ディー・ディー・シャープの大ヒット曲となる「マッシュポテト・タイム」が初めてラジオで放送された。「マッシュポテト」はツイストに似たあたらしいタイプの踊りで、ジャガイモを「つぶす」ような足の動きが加わっている。この曲は7週間後にビルボード誌のチャートで4位になり、フィラデルフィア出身のシャープは人気テレビ番組「アメリカン・バンドスタンド」に出演し、新曲に合わせて口パクした。

◉ジャガイモと政治

野菜のつづりがアメリカの政治に大きな波紋を投げかけるとは——よもや大統領選挙にとんでもない波乱を巻き起こすことになろうとは誰も思うまい。しかし、ジャガイモにはどこか得体のしれないところがある。

1992年6月15日、当時現職大統領だったジョージ・ブッシュ（父）と副大統領ダン・クエールは、再選を目指し、張り切って選挙活動を行なっていた。その日、ダン・クエールはニュージャージー州トレントンにあるムニョス・リベラ小学校の教室にやってきた。再選キャンペーンの一環としてスペリング競争の司会をつとめることになっていたのだ。彼は12

歳の少年ウィリアム・フィゲロアに向かって「ジャガイモ potato」という単語を読み上げ、黒板に書くように言った。フィゲロア少年は黒板に正しくつづりを書いた。クエールは手元の単語カードを見た。なぜかそこには potato という単語の末尾に「e」が書き加えてあった。そこで、クエールは少年にやさしくヒントを出した。「これで終わりかい？　なにか忘れていないかな……最後に『e』がいるよね」フィゲロア少年は黒板に引き返して素直に「e」を書き加えた。誰も何も言わなかった。スペリング競争の後の記者会見で、ある記者がクエールに「ポテトってどんなつづりでしたっけ？」と尋ねるまでは。会場は爆笑の渦に包まれた。

地元新聞トレントニアンの編集者は、つづりの間違いはいいネタになると考え、フィゲロア少年にインタビューしたところ、少年は副大統領を「バカだ」と言った。この一言が引き金になって、「ダン［クエール］は『ポテト』と正しく書けない」という毒々しい見出しが新聞の一面を飾った。このエピソードは、その日の晩のニュースで取り上げられ、それから数日間全米の新聞をにぎわせた。これは、コメディアンたちにとって副大統領を笑いものにする格好の素材になった。デイヴィッド・レターマンはホストをつとめるテレビ番組で、「奴はバカじゃないが、もっと勉強しなくちゃいかん。副大統領になるのに大学まで行く必要はなくてもな」とクエールをおちょくった。

フィゲロア少年はレターマンの番組に招待され、その夏開催された民主党の全国党大会で

「忠誠の誓い」を読み上げ、トレントンのプエルトリカン・デイのパレードで行進し、プエルトリコのトーク番組に出演した。彼はたちまち全米で「ポテトの少年」として有名になり、プエルトリコでは「エル・レイ・デ・ラ・パパ（ポテトの王様）」と称えられた。

　この出来事は、ウォーターゲート事件にひっかけて「ポテトゲート事件」と呼ばれた。５か月後、ブッシュとクエールは再選をかけた大統領選で敗北した。このつづりの間違いは、その後もクエールを苛《さいな》み続けた。彼は、１９９４年に発表した回想録『しっかりと立つ *Standing Firm*』で、まるまる1章をこの出来事に割きこう語っている。「それはへまなんてものではない。考えつくかぎり最悪の『決定的瞬間』だった。この出来事全体がどれほど気のめいる、腹立たしいものであったか、言葉では表わせない」

　ジャガイモは国際政治の舞台にも登場する。２００３年、アメリカのイラクに対する軍事侵攻にフランスが反対したことを受けて、米国下院議員で下院議会運営委員長をつとめていたロバート・W・ナイが下院で運営されているレストランや軽食堂のメニューから「フレンチフライ「フライドポテト」」という言葉を削るように命じた。フレンチフライは、「自由《フリーダム》のフライ」と改名された。２００６年、ナイが汚職と虚偽の陳述の罪を認め、議員を辞職すると、数日後フレンチフライという名称はすみやかに復活した。

第7章 ◉ ジャガイモの今日、そして明日

この半世紀、世界中でジャガイモの栽培面積は拡大している。一方、ここ20年間先進国では栄養たっぷりのこの野菜の消費量は減少している。先進諸国では以前よりも牛・豚・鶏の肉や魚が手に入れやすくなり、もはやデンプン質の食品に頼らなくて済むようになったからである。健康や体調管理、とくに低炭水化物ダイエットへの関心の高まりも原因だろう。ダイエットでデンプン質を避けている人にとって、ジャガイモはまさに「おでぶになる」炭水化物であり、グラムあたりのカロリーや脂肪を気にする人にとって、ジャガイモのおなじみの「フォーマット」――ポテトチップス、ポテトグラタン、バター、塩、サワークリームをたっぷりのせたほくほくのジャガイモ――は、いずれも論外だ。

今日、ジャガイモの大半は開発途上国で栽培され、消費されている。東アフリカのエチオピア、ウガンダ、マラウイなどいくつかの国の山岳地域の主作物はジャガイモだ。アジアでは、インド、バングラデシュ、インドネシア、ベトナム、中国で大規模に栽培されている。意外にも、中国とインドという、かつてジャガイモが料理の素材としてあまり重視されていなかった国で、ジャガイモの栽培量と消費量が急増している。現在、生産量と消費量に関して中国は世界第1位、インドは第3位だ。

◉アジアのジャガイモ――インドと中国

ジャガイモをインドへ帆船で運んできたのはポルトガル人探検家たちだったと言われている。しかし、まぎらわしい言葉の問題のためにジャガイモが伝来した正確な時期はわかっていない。ポテトという言葉はすでに1615年のインドの文献に登場しているが、これが、ジャガイモ先に伝搬していたことがほぼ確実なサツマイモ(スイートポテト)を指すのか、ジャガイモなのかはわからない。陸路を――おそらくトルコやロシアから――運ばれてきた可能性もある。

いずれにせよジャガイモは、18世紀にはイギリス人植民者たちの家庭菜園でほそぼそと栽培されていた。19世紀後半、植民地政府はジャガイモの栽培を奨励したが、イギリスがイン

ジャガイモをトラクターで植え付ける。

ドを統治していた時代に導入された品種は、インドのほとんどの地域の生育条件に合わなかった。例外は北部の高地で、そこでは植民地時代にジャガイモの栽培が盛んに行なわれるようになった。多くのシク教徒やパンジャーブ人にとって、ジャガイモは主作物となり、彼らはジャガイモをサンスクリット語で地下の塊茎全般を意味する「アル」と呼ぶようになった。

ジャガイモは、栽培が容易で、成長が早く、栄養分が豊富だったために、第二次世界大戦中、栽培面積は拡大した。戦争が終わる頃には、ジャガイモはインド料理になじみの食材になっていた。1949年の独立後、インド政府はジャガイモの品種改良を行なうために中央ポテト研究所（CPRI）を設立し、1964年には260万トンだったジャガイモの収穫量は、1987年には850万トンにまで増加した。現在、インド最大の生産地はウッタル・プラデーシュ州、西ベンガル州、ビハール州。2008年の収穫は前年15パーセント増しの3000万トンにのぼると予想された。

そういうわけで、多くのインド料理、とくにパンジャーブ州やカシミール地方などインド北部でジャガイモ料理が多いのは不思議ではない。その中には、多くのインド料理のように、クミン、コリアンダー、マスタードシード、トウガラシなどで味つけしたスパイシーな料理もある。ジャガイモを使った郷土料理もたくさんある。カシミール地方のダム・アル（小粒のジャガイモのカレー。ヨーグルトを加える場合もある）、パンジャーブ地方の素朴なアル・

歌川国芳、「道外十二支」（1855年）より。木版画。農家の下男がイモ畑を荒らす「イノシシ」を畑から追い払う。

ゴビ（ジャガイモとカリフラワーのカレー）、アル・ムッター（ジャガイモとグリーンピースのカレー）など。パンジャーブ地方は、チャパティ［全粒粉を薄く延ばして焼いたパン］でジャガイモの具を包んで焼いたアル・パラタという料理のふるさとでもある。

その他、パンジャーブ地方にはアル・ダム・プクト（ゆっくり煮込んだジャガイモ料理）という有名なジャガイモ料理がある。南インドではマサラ・ドーサ（スパイスで味つけしたほくほくのジャガイモをドーサという薄いクレープで包んだ料理）や、ジャガイモや野菜に衣をつけて揚げたパコラのような軽食が人気だ。パコラは、パキスタン、ベンガル地方、アフガニスタンでもよく見かける。

グジャラート州は、タマリンド［マメ科の植物。果肉に独特の香りと酸味がある］とジャガリー（茶色い粗糖）で味つけした、ジャガイモとトマトの甘酸っぱいカレーの発祥の地。グジャラート州とさらに南のマハーラーシュトラ州には、ジャガイモとピーナッツ、米粉を炒めた料理がある。他にも、菜食主義者用の、ジャガイモ（アル）を使った「ベジタリアン」・チョップ、「ベジタリアン」・カツレツ、「ベジタリアン」・バーガーなど、たくさんのアングロ・インディアン料理［イギリスがインドを支配していた時代に発達した、インド料理をヨーロッパ風にアレンジした料理］がある。いずれもムンバイの主婦たちに大人気だ。(11)

中国には、17世紀以降オランダ人によってジャガイモがもたらされた可能性が高い。ジャガイモは中国北部および西部の山岳地帯で栽培されていたが、20世紀初頭にあらたな多収性品種が開発され、収穫と加工の技術も改良されて収穫量が増えるまでは、それほど重要な作物ではなかった。中国政府は1914年にジャガイモの実験を開始し、改良品種と先進的な育種方法が導入された。第二次世界大戦中、ジャガイモは中国の重要な農作物になった。国民党も共産党も——そして中国を侵略した日本人も——栽培が容易で、数か月保存がきき、輸送が手軽にできる食料のありがたみを知っていたからだ。

戦後、ジャガイモの栽培面積は中国全土、とくに貴州省、甘粛《かんしゅく》省、内モンゴル自治区、雲南省、四川省で急増した。中国南部の温暖な気候の土地でも、冬であればジャガイモは栽培できた。1950年には生産量が870万トンに達し、ジャガイモは中国の主要農作物になったので、政府はジャガイモの研究とあらたな品種の開発に予算を投入した。1980年には中国で2460万トンのジャガイモが生産された。

ジャガイモの生産量は、ジャガイモ研究にさらに巨額の予算がつぎ込まれたことによって急増した（中国は、1990年までに4つの国立研究所、20の農業科学院、数百の研究計画に資金を投入している）。250種類以上のあらたな商業用品種が開発された。ジャガイモデンプン、ポテトチップス、フライドポテト、ポテトフレークを製造する生産ラインが20本輸入され、先進技術を備えた加工施設が建設された。さらに1990年代初頭、中国に殺到したファストフード産業の需要の高まりに応えて、シンプロット［アメリカの農業関連会社］とペプシコが中国に施設を立ち上げた。今日、130の工場で2300万トンの生のジャガイモが、中国人消費者の間で人気上昇中のフライドポテト、マッシュポテト、ポテトチップスに加工されている。

中国で栽培されているジャガイモはほぼすべて中国国内で消費されている。西洋人にはなじみのない料理が多いが、ジャガイモは中華料理の重要な食材だ。多数の中華料理の本に、揚げたジャガイモとチリソースをからめた料理、ジャガイモ麺、ジャガイモの細切りとピーマンとナスを一緒に炒めてコショウで味つけした料理などのジャガイモ料理が載っている。

２００６年までに、中国のジャガイモ生産量は年間７４００万トンまで増加した。中国はいまや世界最大のジャガイモ生産国だ。現在、ジャガイモは中国の７つの主要農作物のひとつであり、中国人はジャガイモを年間40キログラム消費する。生産量は近い将来あと30パーセントは軽く増えるだろう。

●ジャガイモの研究

ジャガイモは世界のあらゆる地域に広がったばかりではない。現代の科学の最先端にもいる。人間は、数千年前から植物や動物の遺伝構造に手を加えてきた。どの生物にも、何ら手を加えなくても遺伝子の突然変異は起きるものだが、こうした変異が有用とみなされれば、人はその長所を選抜育種［優良な遺伝子型を選抜して新品種をつくり出す育種方法］によって強固にした。数年、ときには数百年をかけて今日の食用植物や家畜の先祖はつくられてきた。19世紀後半に科学的な育種方法が採用されるようになると、この過程に費やされる時間は大幅に短縮された。ヨーロッパや北米の多くの国でジャガイモの研究機関が立ち上げられ、植物科学者たちはジャガイモの育種技術を改良し、数多くの多産な新種を生み出した。

ロシアの園芸植物学者ニコライ・バビロフ［1887〜1943］によってジャガイモ研究は目覚ましい大転換を遂げた。彼は、栽培化された食用作物の野生の近縁種には、病気に対する抵抗性など望ましい形質の改良に有用な遺伝因子が備わっているという仮説を立てた。1920年、当時のソビエト連邦（ソ連）で、バビロフは食用作物の品質改良計画を管理監督する重要なポストに就いた。1917年のロシア革命による混乱のためにソ連では飢饉が蔓延しており、1921年までに餓死するか飢えによる病気のために死亡した人はおよそ500万人にのぼったといわれる。

バビロフの研究は緊急優先事項とされ、ソ連は野生種の標本を世界各地で採集する彼の探索に出資した。バビロフは、自国におけるジャガイモの重要性を見越して南米を訪問し、野生種のジャガイモを多数採集した。ソ連の研究機関はたいへんな努力を積み重ねて、ついにバビロフが採集した標本を活かせるまでになった。

バビロフの研究は、ソ連国外のジャガイモ研究を大いに活性化させた。ジャガイモの主要生産国は、ジャガイモの品種改良や改善を行なう施設を立ち上げたり、すぐれた品種の普及を後押ししたりするなどして、実験に取り組んでいる。

1972年、複数の財団と政府が連携して、ペルーのリマ郊外ラ・モリーナに国際ポテトセンター（CIP）が建設された。ジャガイモをはじめ根菜作物に焦点をあてた科学研究とそれに関連する活動を通して、開発途上国に持続可能な基盤を築いて貧困を減らし、安定した食料供給を行なうことを目的としている。ＣＩＰには約１００種類の野生種を含むおよそ５０００種のジャガイモが保存されている。この数十年間のＣＩＰの努力によって、開発途上国全体に以前よりすみやかにジャガイモの改良品種と支援技術が行き渡るようになった。ＣＩＰには、世界銀行、国連、各国政府、財団、民間非営利団体（ＮＧＯ）が出資している。

◉遺伝子組み換えジャガイモ

20世紀中頃、従来とまったく異なる植物と動物の改良方法が誕生した。きっかけとなったのは、ケンブリッジ大学の科学者ジェームズ・ワトソンとフランシス・クリックの先駆的研究だった。彼らはＤＮＡ分子の構造を解明し、ＤＮＡの構造が二重らせんであることを発見した。１９５３年、ワトソンとクリックはイギリスの権威ある科学雑誌「ネイチャー」に自分たちの発見を記した2ページの論文を投稿した。論文は次のような見解で締めくくられている。「私たちが仮定する特異的対合が、遺伝物質の複製メカニズムと考えうるものを示唆していることは言うまでもない」。１９８０年代にはあらたな技術を商業的に応用させる方法が――最初は医薬品、続いて農作物の分野で――模索された。
ジャガイモのゲノムの完全なシーケンシング［ＤＮＡ配列の解明］は、何はともあれ遺伝子工学に着手するための第一歩であり、現在進行中であるが、２０１０年末に完了する見込みだ［２０１１年に完了した］。これによって遺伝子の相互作用と機能的形質に関する知識と理解が増すだろう。しかしながら、ゲノム解読の完了を待たず、すでに科学者たちはジャガイモの遺伝子組み換えに着手している。ドイツに本拠地を置く世界最大手の化学メーカーＢＡＳＦは、１９９８年、ジャガイモの遺伝子組み換えの研究に着手した。こうして開発

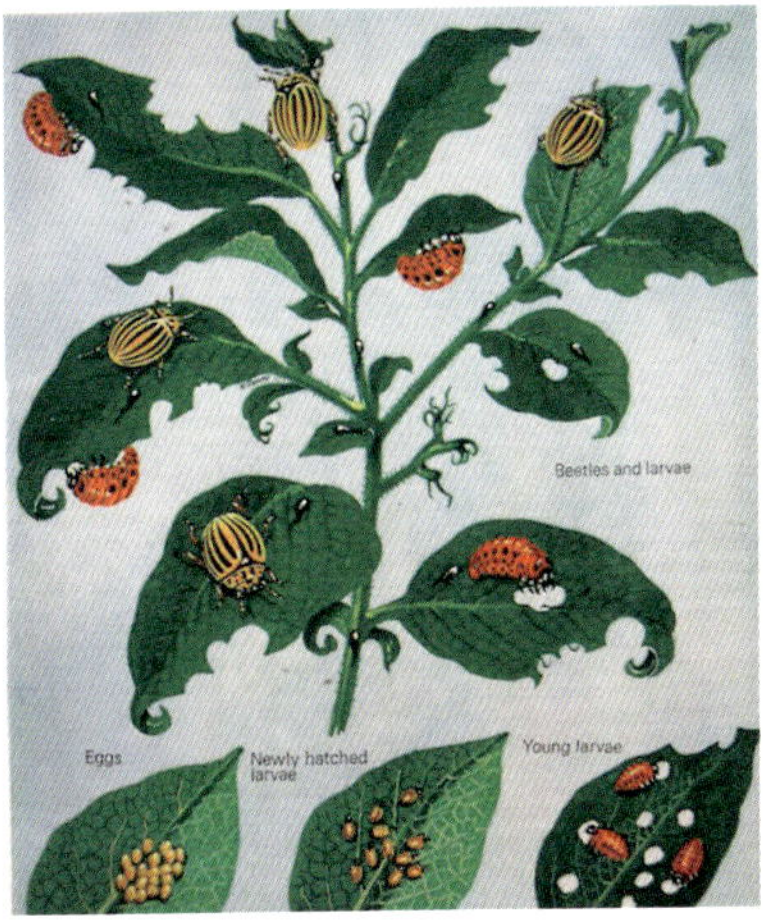

上：コロラドハムシ［ジャガイモに寄生し、葉を食害する害虫］が葉にとまっている。

下：コロラドハムシの生活環。

コロラドハムシの幼虫

されたのがデンプン質を豊富に含む遺伝子組み換えジャガイモ、アムフローラで、工業や家畜用飼料への利用が予定されており、現在EUに使用許可を申請中だ［2012年、BASFは、ヨーロッパ諸国における遺伝子組み換え作物への根強い反発により、ヨーロッパ市場でのアムフローラの販売を断念した］。

インドと中国は、遺伝子組み換えジャガイモの開発に多額の資金を投入している。2002年、ニューデリーのジャワハルラール・ネルー大学の科学者たちは、「AmA1」という遺伝子をジャガイモに導入し、通常のジャガイモよりタンパク質量が3分の1多いジャガイモをつくり出し、プロテイトと命名した。［タンパク質（プロテイン）とジャガイモ（ポテト）をもじった造語］インド人には菜食主義者が多く、タンパク質が不足する傾向にあるため、プロテイトによって国民全体の栄養状態が改善されることが期待されている。

ただし、2009年の段階ではプロテイトの一般向け販売は認可されていない。

その他の遺伝子組み換えジャガイモとして、アメリカに本社のあるモンサント社の「ニューリーフ」という系統がある。これは、ウィルスやコロラドハムシという害虫に対する抵抗性を持つ品種で、1990年代にカナダとアメリカで発売された。遺伝子組み換え食品の使用に対する世間の圧力により、マクドナルド、バーガーキング、フリトレー、プロクター&ギャンブルのような商業用ジャガイモを大量に利用する複数の企業が、遺伝子組み換えジャガイモの使用を拒否したため、モンサント社はこれらの製造を中止した。

●国際ポテト年

2005年、国連の食糧農業機関は、国連総会において2008年を「国際ポテト年」として宣言するように要請した。2008年には、この奥ゆかしいイモに関する会議がたびたび開かれ、ジャガイモに関する一般書だけでなく、ジャガイモとその病気に関する専門的な研究書も多数出版された。ジョン・リーダーのすぐれた著作『慈悲深い食べもの――世界史におけるイモ *Propitious Esculent: The Potato in World History*』(2008年)はそのひとつだ。

国際ポテト年には、さまざまなジャガイモ料理の本も出版された。たとえば、『中国人のジャガイモの食べ方 *How the Chinese Eat Potatoes*』(Dongyu Qu、Kaiyun Xie編著)は、中国各地の数百種類のジャガイモ料理に加え、少ないながらも「西洋風ジャガイモ料理」も紹介している。インドでたいへん人気のある料理本作家のひとり、タルラ・ダラールの『ジャガイモ *Potatoes*』にも、サラダ、コフタ［肉団子を使った料理］、ポシュト［けしの実をすったものとジャガイモをあえた料理］、カレー、グレービー、スープなど100種類以上のインドのアル料理と、「中華風ジャガイモ料理」やレシュティを含む「世界のジャガイモ料理」が多数紹介されている。

その他2008年には、アレックス・バーカーとサリー・マンスフィールドの『ジャガイモ——とっておきのレシピ150 *Potato: 150 Fabulous Recipes*』や、フローレンス・リブラ著『世界のジャガイモ料理200 *The Potato Around the Globe in 200 Recipes: An International Cookbook*』が国連から出版された。

●ジャガイモの未来

今後20年間、世界の人口は毎年平均8000万人以上増え続けると予想されている。増加分の95パーセント以上が開発途上国に集中すると予測されており、土地、水、その他の資源不足がすでに危惧されている。20年後には90億人に迫るといわれる地球人口をどう食べさせていくか、それはじつに気の遠くなるような話だ。

この50年間、世界の開発途上国におけるジャガイモの生産量は他のどの農作物よりも増加した。ジャガイモは世界でもっとも重要な農作物のひとつだ。１３０以上の国で大規模に栽培され、毎年の生産量は3億２０００万トンを超える。ジャガイモを主食にしている人は10億人を超える。ジャガイモは、世界中でやり取りされる野菜の中で大きな割合を占め、ファストフードやスナック食品産業の重要な柱でもある。先進国でも開発途上国でも料理に欠かせない食材であり、何百万という人々の暮らしを支えてもいる。ジャガイモが、私たちの未来の食料供給においてますます重要な役割を演じるようになるのは間違いないだろう。

謝辞

本書の執筆にあたりお世話になった方々にこの場を借りて厚くお礼申し上げる。

ニューメキシコ州アルバカーキでジャガイモ博物館を運営しているトム・ヒューズとメレディス・セイルズ・ヒューズに。本書ではご夫妻が収集された図版を何点か借用させて頂いた。カリフォルニア州シミバレー在住のメアリー・ルー・ダントナには「パパス・コン・チョリソ」と「パパス・コン・ウエボ」のレシピを教えて頂いた。ご夫君にはミスター・ポテトヘッドの写真を提供して頂いた。

フードライターで編集者でもあるセジャル・スクハドワラからはインドのジャガイモ料理を、『カール大帝のテーブルクロス *Charlemagne's Tablecloth: A Piquant History of Feasting*』の著者ニコラ・フレッチャーにはタティースコーンのレシピを、パシフィック大学教授で食の歴史に関する多数の著作があるケネス・アルバーラ博士にはマッシュポテトのレシピを、『チヤプスイ――アメリカにおける中華料理の文化史 *Chop Suey: A Cultural History of Chinese Food in the United States*』（２００９年）の著者アンドリュー・コーには中国のジャガイモ料理のレシピを、中華料理科学技術研究所の季刊誌Flavor & Fortuneの編集者ジャクリーン・M・ニューマン博士には「乾燥ポテトを使ったピザ風パンケーキ、ホウレンソウ・肉・卵の白身のせ」のレシピを、『パンジャブ地方の料理と思い出 *Menus and Memories from Punjab: Meals to Nourish Body and Soul*』（２００９年）の著者ヴェロニカ・シドゥーには「アルゴビ」のレシピを伝授して頂いた。

　アイリン・オニー・タンにはトルコにジャガイモが伝来した経緯について、全世界に配信されているフードコラム、ブログ、料理書の著者であるボニー・タンディ・レブランには「トマトとシェヴレとジャガイモのフリッター」のレシピを、マイケル・クロンドルにはチェコ共和国におけるジャガイモの歴史、ブリスベン在住のジャネット・クラークソンにはオーストラリアのジャガイモ事情、ユストゥス・リービッヒ大学ドイツ学研究所トーマス・グローニング博士にはドイツ最古のジャガイモのレシピについてご教示頂いた。

　フィンランドのジャガイモについて教えてくださったジュディ・グゲロイと、ドイツのジャガイモの歴史を調べるのを助けてくださったハンブルクのカールトン・バッハにはとくに心からの謝意を表したい。

今回も編集にあたってはボニー・スロトニックにたいへんお世話になった。貴重な助言に深く感謝している。また本書のために情報を提供してくださった多くの研究者の方々にも感謝申し上げる。

訳者あとがき

本書の冒頭で、著者はジャガイモの歴史を名もない貧しい若者の立身出世の物語になぞらえている。たしかにジャガイモは、南米アンデスの山奥で人知れず産声をあげてから、いまや世界でムギとコメに次いで生産・消費される重要な農作物となった。しかし、そこまでの道のりはけっして平坦ではなかった。

ジャガイモは私たち日本人の日常にもすっかり溶け込んでいる。カレーや肉じゃがの具には欠かせないし、マッシュポテト、ポテトグラタン、ポテトサラダといったおなじみの人気料理もある。ハンバーガーとセットのフライドポテトや、ポテトチップスなどジャガイモを原料とするスナック類を食べたことがない人のほうがめずらしいくらいだろう。

しかし、ジャガイモが南米からヨーロッパに伝わったのは16世紀と比較的あたらしい。しかも、スペイン人が帆船に載せて運んできてからヨーロッパ各地に本格的に普及するまで200年以上の歳月が必要だった。当初ジャガイモはあまり評判がよくなかったからだ。

有毒である、ジャガイモを食べるとらい病になる、「聖書に載っていない」などの偏見にさらされ、下層階級の食べ物、もしくは家畜の飼料と一段低く見られてきた。

そんなジャガイモがなぜその後ヨーロッパ全土に普及したのか。きっかけは、17世紀から18世紀にかけての戦争と飢饉だった。ジャガイモは、穀類と違って畑が荒らされても収穫でき、畑をそのまま貯蔵庫代わりに利用できるなど、戦争の影響を比較的受けにくかった。また、本文でくり返されているように、痩せた土地でも、手間をかけなくても、大がかりな道具がなくても栽培でき、生産性が高かった。畑から収穫すればそのまま調理して食べることもできる。そこで、自国民を飢饉から救おうとするプロイセン王フリードリヒ2世や、フランスの薬剤師パルマンティエらの尽力によって徐々にヨーロッパ各地に浸透していった。冷蔵庫がなく、道路や鉄道などの交通機関も発達していない時代、農作物の不作は飢饉に直結した。ジャガイモが普及した背景には、戦争と飢饉という人類の試練があったのだ。

本書には、ジャガイモ普及の歴史の他、南米アンデスの人たちが古代に開発し、今もつくり続けている保存食チューニョや、世界各地のジャガイモ料理、いまや世界中で愛されているポテトチップスやフライドポテトの誕生秘話など、ジャガイモにまつわる興味深いエピソードも満載されている。

本文にはなかったが、日本へのジャガイモの伝搬と普及についても簡単に触れておこう。

ジャガイモは、日本へは慶長年間（１５９８年）、オランダ船によってジャワ（インドネシア）のジャガトラ（現在のジャカルタ）から長崎へ伝えられ、これが「ジャガイモ」という呼び名の由来となったと言われている。そして、寛永の飢饉（１６４０〜44年）、天明の飢饉（１７８２〜87年）、天保の飢饉（１８３２〜36年）に際して全国に広まった。蘭学者高野長英（１８０４〜50年）は、『救荒二物考』（二物とはソバとジャガイモのこと）を著し、凶荒の年に人民を救う食べ物としてジャガイモ栽培の促進をはかった。本格的に普及したのは明治以降、寒冷な気候でも安定して収穫できるためおもに北海道で栽培され、第二次世界大戦中の「節米運動」（コメをできるだけ節約して食べないようにする運動）によって全国的な生産量が急増した。こうやってふり返ると、日本での普及の経緯もヨーロッパとよく似ていることがわかる。

ジャガイモは、緊急時に庶民の生活を、いや生命そのものを支えてきたが、これはけっして過去の話ではない。現在、ジャガイモは開発途上国の重要な食糧資源であり、未来に待ち受ける地球規模での人口爆発に重要な役割を果たすと期待されている。

私事で恐縮ではあるが、私の母方の実家は、先ほどの高野長英の出身地岩手県水沢（現在の奥州市）でコメをつくる農家だった。あとがきを書いている間、頭にあったのは、田んぼの土を口に含み土壌の具合を確かめていた祖父の顔だ。《「食」の図書館シリーズ》を翻訳させていただくたびに思うことだが、私たちが日常あたりまえと思って口にしている食べ物にはどれもなんと深い歴史のあることだろう。先人たちは知恵と苦労を重ねてこうした食べものをつくり、改良し、普及させてきた。これはけっして過去の物語ではなく、現在も田や畑を耕している人々に受け継がれている。掌の上の小さなジャガイモ。これはアンデスから現在に至る先人たちの知恵と苦労の結晶なのだ。そう思うと、日々の食に感謝して頭を垂れずにはいられなくなる。

原書 *Potato: A Global History* は、数々の食べ物の歴史を美しい図版とともに紹介する The Edible Series の一冊として、イギリスのリアクションブックスより2011年に刊行された。同シリーズは料理とワインに関する良書を選定するアンドレ・シモン賞の2010年度特別賞を受賞している。著者のアンドリュー・F・スミスは、『ハンバーガーの歴史』（小巻靖子訳。スペースシャワーネットワーク。2011年）など多数の著書がある食の専門家。The Edible Series では総編集者をつとめ、ニューヨーク市ニュースクール大学で食の歴史に関する講義を行なうなど精力的に活動している。

訳者あとがきを書くにあたっては『じゃがいものきた道』（山本紀夫著。岩波新書。2008年）、ウェブサイト「じゃがいもの世界史」http://www.pref.hokkaido.lg.jp/ns/

nsk/grp/main_1_sekaishi.pdfを参考にさせていただいた。記して感謝申し上げる。
本書の訳出にあたっては、今回も原書房の中村剛さんにたいへんお世話になりました。心よりお礼申し上げます。

2014年5月

竹田　円

写真ならびに図版への謝辞

著者と出版社より，図版の提供と掲載を許可してくれた関係者にお礼を申し上げる。

Bigstock: p. 6 (Chris Leachman); © The Trustees of the British Museum: p. 147; Steve Caruso: p. 104上; Fir0002/Flagstaffotos: p. 100上; Istockphoto: p. 97上右 (Tomasz Parys), p. 100下 (Kelly Cline); Rhys James: p. 97上左; Michael Leaman: p. 97下右; Library of Congress: pp. 28, 82, 137; The Metropolitan Museum of Art, New York, USA: p. 130 (Jacques and Natasha Gelman Collection, 998 (1999.363.50) Photographed by Malcolm Varon); Museum of Fine Arts, Boston, Massachussetts,USA: p. 129下 (Gift of Quincy Adams Shaw through Quincy A. Shaw, Jr and Mrs Marion Shaw Houghton 17.1505); National Cancer Institute, Bethesda, Maryland,USA: pp. 78, 88 (Renée Comet); National Library of Medicine, Bethesda, Maryland,USA: p.43, 123; The Potato Museum, Albuquerque, New Mexico, USA: pp. 14, 46, 132; Rex Features: pp. 9 (John Chapple), 85 (Denis Closon), 108 (Denis Closon), 110 (Sipa Press), 135 (Ginou Choueiri); Andrew F. Smith: p. 119; Stock Xchng: p. 102 (Alistair Williamson), 145 (Alan Rainbow), 154 (Jm2c); Man Vyi: p. 104下; Swiatoslaw Wojtkowiak: p. 15; Rainer Zenz: p. 115.

参考文献

Bareham, Lindsey, *In Praise of the Potato: Recipes from around the World* (Woodstock, NY, 1992)

Bartoletti, Susan Campbell, *Black Potatoes: The Story of the Great Irish Famine, 1845-1850* (Boston, MA, 2001)

Bradshaw, John, and George Mackay, eds, *Potato Genetics* (Wallingford, 1994)

Burton, William Glynn, *The Potato* (Essex, 1989)

Correll, Donovan S., *The Potato and Its Wild Relatives* (Renner, TX, 1962)

Cullen, L. M., 'Irish History without the Potato', *Past and Present*, XL (July 1968), pp. 72-83

Curiæ, Amicus, *Food for the Million: Maize Against Potato: A Case for the Times, Comprising the History, Uses, & Culture of Indian Corn, and Especially Showing the Practicability and Necessity of Cultivating the Dwarf Varieties in England and Ireland* (London, 1847)

Davis, James W., *Aristocrat in Burlap: A History of the Potato in Idaho* [Boise]: Idaho Potato Commission, 1992.

Fagan, Brian M., *The Little Ice Age: How Climate Made History, 1300-1850* (New York, 2000)

Ferrières, Madeleine, trans. Jody Gladding, *Sacred Cow, Mad Cow: A History of Food Fears* (New York, 2006)

Foster, Elborg, and Robert Forster, eds, *European Diet from Pre-industrial to Modern Times* (New York, 1975)

Gilbert, Arthur W., Mortier Franklin Barrus, and Daniel Dean, *The Potato* (New York, 1917)

Graves, Christine, ed., *The Potato Treasure of the Andes: from Agriculture to Culture* (Lima, 2001)

Grubb, E. H., and W. S. Guilford, *The Potato* (New York, 1912)

Guenthner, Joseph F. *The International Potato Industry* (Cambridge, 2001)

Hawkes, J. G., *The Potato: Evolution, Biodiversity and Genetic Resources* (Washington, DC, 1990)

——, and J. Francisco-Ortega, 'The Early History of the Potato in Europe', *Euphytica*, LXX (1993), pp. 1-7

——, 'Masters Memorial Lecture: The History of the Potato', *Journal of the Royal Horticultural Society*, Part 1 (1966), pp. 207-24; Part 2 (1966), pp. 248-62; Part 3 (1967), pp. 288-302

Johnson, George W., *The Potato: Its Culture, Uses, and History* (London, 1847)

Lang, James, *Notes of a Potato Watcher* (College Station, TX, 2001)

Laufer, Berthold, and C. Martin Wilbur, *The American Plant Migration; Part 1: The Potato* (Chicago, IL, 1938), vol. XXXVIII

Linn, Biing-Hwan, Gary Lucier, Jane Allshouse and Linda S. Kantor, 'Market Distribution of Potato Products in the United States', *Journal of Food Products Marketing*, VI (2001), p. 4

Marshall, Lydie, *A Passion for Potatoes* (New York, 1992)

McIntosh, Thomas Pearson, *The Potato: Its History, Varieties, Culture and Diseases* (London, 1927)

McNeill, William H., 'The Introduction of the Potato into Ireland', *The Journal of Modern History*, XXI (September 1949), pp. 218-22

——, 'How the Potato Changed the World's History', in 'Food: Nature and Culture', *Social Research*, LXVI (Winter 1998), pp. 67-83

——, 'What if Pizzaro had Not Found Potatoes in Peru?' in *What If? Eminent Historians Imagine What Might Have Been*, ed. Robert Cowley (New York, 2001), vol. II, pp. 413-27

Reader, John, *Propitious Esculent: The Potato in World History* (London, 2008)

Rosen, Sherwin, 'Potato Paradoxes', *The Journal of Political Economy*, CVII, Part 2: Symposium on the Economic Analysis of Social Behavior in Honor of Gary S. Becker (December 1999), pp. s294-s313

Roze, Ernest, *Histoire de la Pomme de terre, traitée aux points de vue historique, biologique, pathologique, cultural, et utilitaire* (Paris, 1898)

Salaman, Redcliffe, *The History and Social Influence of the Potato* (Cambridge, 1949) Sanders, T. W., The Book of the Potato (London, 1905)

Suttles, Wayne, 'The Early Diffusion of the Potato among the Coast Salish', *Southwestern Journal of Anthropology*, VII (Autumn 1951), pp. 272-88

Stuart, William, *The Potato: Its Culture, Uses, History and Classification* (Philadelphia, PA, and London, 1923)

Vreugdenhil, Dick, et al., ed., *Potato Biology and Biotechnology: Advances and Perspectives* (Oxford, 2007)

Whitney, Marylou [Mrs. Cornelius Vanderbilt Whitney], *The Potato Chip Cook Book* (Lexington, KY, 1977)
Wilson, Mary Tolford, 'Americans Learn to Grow the Irish Potato', *The New England Quarterly*, XXXII (September 1959), pp. 333-50
Woolfe, Jennifer A., with Susan V. Poats, *Potato in the Human Diet* (New York, 1987)

ザッカーマン，ラリー『じゃがいもが世界を救った ——ポテトの文化史』関口篤訳，青土社，2003年
シュローサー，エリック『ファストフードが世界を食いつくす』楡井浩一訳，草思社，2001年
ディヴィス，マーナ『ポテト・ブック』伊丹十三訳，ブックマン社，1976年
フェイガン，ブライアン『歴史を変えた気候大変動』東郷えりか，桃井緑美子訳，河出書房新社，2009年

レシピ集

歴史上のレシピ

◉ジャガイモのケーキ

Charles Elmé Francatelli, *The Modern Cook: A Practical Guide to the Culinary Art in All its Branches* (London, 1846)

1. ヨーク産のジャガイモ 18 個を焼いて金属の裏ごし器で裏ごしし，大きなボールに入れる。
2. バター110*g*，ふるいにかけた砂糖 220*g*，バニラ（粉末状にしたもの）さじ1杯，クリーム 150*ml*，卵黄 6 個分，泡立てた卵白 2 個分，塩少々，これらをすべてよく混ぜる。
3. 2 をあらかじめバターを塗り，パン粉を敷いた型に入れる。
4. 1 時間ほど焼く。焼きあがったら，皿によそい，フルーツソースをたっぷりかける。

【フルーツソースのつくり方】
1. スグリ，ラズベリー，サクランボ，ダムソン（スモモ），イチゴ，アンズいずれかを 450*g* 準備する。
2. 1 と，ふるいにかけた砂糖 230*g*，水 75*ml* をシチュー鍋に入れる。
3. 全体がもったりとしたピューレ状になるまで煮詰めて裏ごし器か，こし布でこす。

◉大地のリンゴのスフレ（ポテトパフ）

François Tanty, *La Cuisine François* (Chicago, IL, 1893)

（5 人用）
ジャガイモ… 12 個
脂肪（油）…適量
塩…適量

1. ジャガイモの皮をむき，約 2.5 センチ幅に縦にカットする。
2. 中温の油（高温すぎない）で，中にしっかり火が通るまで加熱する。
3. 鍋から取り出して油をよく切る。
4. 高温に熱した油に，もう一度入れてさっと揚げる。ジャガイモがぷーっと膨らみ，見た目もとてもおいしそうになる。

◉スキャロップポテト［ジャガイモのグラタン］

オンタリオ州アップルビー在住，Mrs W. J. Bunton, *Canadian Farm Cook Book* (Toronto, 1911)

1. 深めのプディング用皿［グラタン皿で可］に油を塗る。
2. 皮をむいてごく薄くスライスしたジ

ャガイモを並べ，その上に薄くスライスしたタマネギ，パン粉の順番に重ねて，全体に塩コショウをふる。
3. 皿がいっぱいになるまで 2 を繰り返し，いちばん上にジャガイモを並べる。
4. ミルクを注ぎ，予熱したオーブンで 1 時間，もしくはジャガイモにしっかり火が通るまで焼く。

現代のレシピ

◉最高の（そして最速の）マッシュポテト

Ken Albala（カリフォルニア州ストックトン，パシフィック大学，歴史学教授）

（4 人分）
1. ラセット・ポテト大 4 個を，果物ナイフで数か所ずつ刺す。
2. 1 を電子レンジに入れ，最大出力で 10 分間加熱する。竹串が中までスッと刺さるかを試し，刺さらないときはさらに 4，5 分加熱する。
3. 熱いうちに半分に切り，切り口を下にしてポテトライサーに入れ，レバーをぐっと押す［ジャガイモがマッシュされる］。同様の手順ですべてのジャガイモをマッシュする。必要に応じてポテトライサーから皮を取り除く。
4. バター小さじ 2，塩少々を加え，好みの固さになるまでミルクを足す。
5. よく混ぜて，すぐに供する。おろしたてのパルメジャーノ・レッジャーノ［イタリアのチーズ］を散らしたり，トリュフオイルをほんの数滴たらしたりしてもおいしい。

◉ジャガイモとカリフラワーの炒めもの（アルゴビ）

この料理は，それほど辛くなく，スパイスも控えめなので，インドの子供たちに人気がある。さらにマイルドな味にするときは，マスタードシードを省略するか，ガラムマサラとクミンの両方，もしくはそのどちらかを省略する。もっと辛くするときは，カイエンペッパー（トウガラシ）を小さじ ½ 加える。カリフラワーにちょっと焦げ目がついたほうが好きな方は，電子レンジやフッ素加工のフライパンで調理するのではなく，油（と時間）を少し多めに炒める。Veronica Sidhu, Menus and Memories from Punjab: Meals to Nourish Body and Soul (New York, 2009)

（8 人分）
カリフラワー…大，または中 1 個，洗って食べやすい大きさに切る
キャノーラ油など植物油…½ カップ
ブラック・マスタードシード…小さじ 1 （お好みで）
タマネギ…中 1 個，薄くスライスする。
クミンシード（粒でも粉でもよい）…小さじ 1（お好みで）
ターメリック粉…小さじ 2
コリアンダーシード粉…小さじ 1
ガラムマサラ…小さじ 1，半量ずつ分けておく（お好みで）
ニンニク…2 片，みじん切りにする

ショウガ…5センチ，すりおろす
レッドポテト…大3個，皮をむいて，2.5センチ角に切る。
塩…小さじ1½，お好みでもう少し多くても可
新鮮なコリアンダーの葉…¼カップ，小口切にする

1. カリフラワーは小房に分け，軸は細かく切る。緑の葉のきれいなところを千切りにする。
2. 耐熱用の皿かボールに水60*ml*，カリフラワーの葉，軸，小房を入れて，ラップをして，レンジ強で5，6分加熱する。
3. 大きめの中華鍋，またはフライパンを中火で熱し，オリーブ油を加熱する。
4. マスタードシードを入れ，30秒ほど，「パチパチ」はぜるまで加熱する。
5. タマネギを入れて，透明になるまで炒める。
6. クミン，ターメリック，コリアンダーシード，ガラムマサラ小さじ½，ニンニク，ショウガを加え，さらに1，2分間炒める。
7. ジャガイモを加えて，スパイスがむらなくからむように炒める。
8. 蓋をして，弱火で5分間蒸してから，もう一度よく混ぜる。
9. 水気を切ったカリフラワーを加え，塩をふる。
10. しっかり混ぜ，強火で少なくとも5分間しっかり炒める。必要であれば油を足す。すべてのスパイスが均等によくなじむように，お好みであれば，カリフラワーに焦げ目がつくまで炒める。
11. 火を落とし，ジャガイモにしっかり火が通るまで弱火で加熱する。カリフラワーを電子レンジで加熱してあれば10分程度でよい（野菜のシャキッとした食感を残したい人は蓋をしないで，しんなりさせたい人は蓋をする）。
12. 残りのガラムマサラ小さじ½を加え，食卓に出す直前にコリアンダーの葉を散らす。

………………………………………

◉トマトとシェヴレとジャガイモのフリッター

Bonnie Tandy Leblang（全世界に配信されているフードコラム，ブログ，料理書の著者。詳しくは，主催するウェブサイト www.BiteoftheBest.com を参照されたい）

（4人分）
ジャガイモ（ユーコンゴールド種）…225*g*
エシャロット…3本，みじん切りにする
卵…6個
塩
黒コショウ…適量，挽きたてのもの
シェヴレ［フランス産の山羊のチーズ］…115*g*，細かくする
パルメザンチーズ…25*g*，おろす
完熟トマト…中2個，スライスする

1. 沸騰したお湯に塩を加え，ジャガイモにしっかり火が通るまで5～7分間ゆでて水を切る（前の晩に準備して

おいてもよい)。

2. 耐熱性の柄がついた，底の厚い，中くらいの大きさのフライパンに，バターとオリーブ油を各小さじ 2 熱し，ジャガイモに焦げ目がつくまで中火で加熱する。
3. エシャロットを加え，しんなりするまで約 2 分間加熱する。
4. ボールに卵を泡立て，水大さじ 1，塩少々，コショウを加える。
5. 4 にシェヴレとパルメザンチーズ大さじ 2 を加えて混ぜる。
6. 5 をフライパンに注いで，静かにかき混ぜ，上にトマトのスライスを載せ，残りのパルメザンチーズを加える。
7. 約 3 分間，全体がほぼ固まるまで加熱する。
8. ブロイラー［アメリカの肉焼き用グリルオーブン］に入れて，表面に焦げ目がつき，全体が膨らむまで，約2分間焼く。
9. 幅2.5センチほどに切り分けて供する。

……………………………………………

◉パパス・コン・チョリソ［ジャガイモとチョリソ・ソーセージの炒めもの］

Mary Lou Dantona

(4 人分)

ジャガイモ…中 3 個（皮をむいて食べやすい大きさに切る）
チョリソ…1 パック（豚か牛）
ハラペーニョ…小 1 個（種を取ってみじん切りにする）
卵…大 4 個

1. 皮を取ってほぐしたチョリソを，フライパンで中火で加熱する。
2. ジャガイモを加える。
3. ハラペーニョ（みじん切り）を加え，6～8 分，ジャガイモに火が通るまで炒める。
4. ボールに溶きほぐした卵をフライパンに流し込み，かき混ぜる。半熟くらいで火を止める。
5. コムギかトウモロコシのトルティーヤで挟んで食べる。

……………………………………………

◉パパス・コン・ウエボ［ジャガイモと卵の炒めもの］

Mary Lou Dantona

(4 人分)

ジャガイモ…中 4 個（皮をむいてさいの目切りにする）
トマト…中 2 個（みじん切り）
ニンニク…1 片（みじん切り）
ハラペーニョ…中 1 個（種を取ってみじん切りにする）
紫タマネギ…⅓カップ (40*g*) (みじん切り)
キャノーラ油またはオリーブ油…80*ml*
卵…大 6 個

1. 大きめのフライパンに油を熱し，ジャガイモ，タマネギ，ニンニク，ハラペーニョを弱火から中火で，ジャガイモにこんがり焼き色がつくまで炒める。

2. ボールに卵を溶きほぐし，フライパンに注ぐ。
3. フライパンの材料をよくかき混ぜながら，弱火で3，4分，卵にしっかり火が通るまで炒める。
4. サルサソース［メキシコ，アメリカ合衆国南西部でよく使われるトマト主体のピリ辛ソース］をつけて，コムギかトウモロコシのトルティーヤと一緒にアツアツを食べる。

◉土豆絲［トウドウスー／ジャガイモの千切り炒め］

Emi Kazuko via Deh-Ta Hsiung, co-author of *The Food of China: A Journey for Food Lovers* (Vancouver, BC, 2005)

（付け合わせとして，4～6人分）

1. ジャガイモ大2個の皮をむき，マッチ棒くらいの千切りにする。冷水で洗って余分なデンプンを取り除きしっかり水を切る。
2. ショウガ，ニンニクのみじん切りと一緒に油で炒め，塩，酢少々，ゴマ油数敵を加える。熱いままでも，冷めてからでも，とてもおいしい！

◉チョリソ・コン・パパ

チョリソ・コン・パパは基本的にハッシュ料理［残りものの牛肉やジャガイモを細切りにした料理］の一種。メキシコのいたるところで見かける。トウモロコシでつくった柔らかめのトルティーヤで挟んでも，レタス，タマネギ，トマトと一緒にゴルディータ［生地の厚いトルティーヤ］で包んで食べてもいい。単独で食べてもよいが，あまり伝統的な食べ方ではない。すばらしい朝食になる。Rachel Laudan, author of *The Food of Paradise: Exploring Hawaii's Culinary Heritage*

（6人分，トルティーヤ，もしくはゴルディータ6枚分）
チョリソ…225g
ジャガイモ…大1個，1センチ強のさいの目切りにする。

1. チョリソの皮を取り，フライパンに入れ，ヘラで細かくする。
2. 弱火で加熱して，油が出てきたら，ジャガイモを加え，蓋をして，ジャガイモの芯に火が通るまで蒸す（冷凍ポテトや，調理済みのジャガイモを使えば，時間を短縮できる）。
3. 蓋を取って，全体をしっかりつぶしながら，少し焦げ目がつくまで焼く。
4. チョリソとジャガイモがじゅうぶんなじんだら火を止める。

◉乾燥ポテトを使ったピザ風パンケーキ，ホウレンソウ・肉・卵の白身載せ

Jackie Newman（中華料理科学技術研究所の季刊誌 *Flavor & Fortune* の編集者）

（6人分）
乾燥ポテトスライス，もしくは乾燥ポテトフレーク…450g，お湯に1時間浸して

水気を切る。水は捨てる。
ジャガイモデンプン［片栗粉］…大さじ2
塩…小さじ1
植物油…60ml
四川コショウ，もしくは五香粉…小さじ1/4
牛肉…大さじ3（生でも干し肉でも，コンビーフなどの加工肉でもよい，細かく刻んでおく）
生のホウレンソウ…110g（細かく刻んで，30秒湯通しし，水気をよく絞る）
卵白…1個分
塩，粉末白コショウ…お好みで

1. 水気を切ったポテトスライス，もしくはポテトフレークを，ジャガイモデンプン，塩と混ぜる。
2. 1を皿などに押しつけるようにして，丸い生地にする。
3. 中華鍋，またはフライパンに油を熱し，2のポテト・パンケーキを入れ，ほんのり焦げ目がつくまで焼いたらひっくり返し，反対側もよく焼く。
4. フライパンから取り出し，ペーパータオルなどの上でよく油を切ってから，4等分，もしくは8等分にする。
5. 皿によそって，オーブンに入れるか，アルミホイルで包んで保温する。
6. 鍋でふたたび油を加熱し，牛肉をコショウで味つけして1分ほど，さらにホウレンソウを加え30秒ほど，完全に火が通るまで炒める。
7. 卵白，塩，コショウを混ぜて7に注ぎ，白味が固まるまで高温でしっかり炒める。
9. 6のパンケーキに7を載せて供する。

◉中華風ポテトチップ・ディナー

Jackie Newman, *Flavor & Fortune* 編集者

（4カップ分）
ジャガイモ…450g，皮をむいてスライスする（乾燥ポテトスライスで代用可）
粗塩…小さじ1
豆チ…小さじ1，できるだけ細かく刻む
トウガラシ…1本（辛みを控えたいときは種を取り除く），細かく刻む
植物油…大さじ2
トマト…小1，粗く刻む
ジャガイモデンプン…小さじ1

1. スライスしたジャガイモを塩，豆チ，トウガラシと混ぜる。
2. フライパン，もしくは鍋を熱し，油を入れ，ジャガイモを5分間，底から返すようによく炒める。
3. 刻んだトマト，ジャガイモデンプンを加え，ジャガイモが好みの固さになるまで煮込んでから，さらに1分余計に加熱して，供する。

◉タティースコーン

Nichola Fletcher, *Caviar: A Global History* の著者

（8人分）
ゆでたジャガイモ…225g

塩…ひとつまみ
バター…大さじ1
中力粉…100g
分量外の粉

1. ジャガイモに塩，バターを混ぜてマッシュする。
2. 粉をふった台に1を載せる。
3. ジャガイモと中力粉を合わせ，しっかりとした生地になるまでよくこねる。
4. 3の生地を2等分し，ごく薄く（4ミリ程度）円型にのばして，フォークで表面に穴を開ける。
5. 4をさらに4等分する。
6. グリドル*，または平らなフライパンで片面につき3分ずつ，表面に灰色っぽい，茶色の焼け焦げができるまで焼く。
7. できるだけ熱いうちに，バターをたっぷりつけて食べる。

*グリドルは，伝統的なスコットランドの調理器具。フラットブレッド[穀粉, 水, 塩を混ぜた生地を焼いたシンプルなパン]，スコーン，バノック，オートケーキ［いずれもオートミールやオオムギ粉を混ぜて焼いた種なしパン］など平らなパンを焼くときに用いられる。鋳鉄でできた重く，平らな円盤型で，屋外でたき火にかけられるように取手がついている。薄く油を敷いて使う。

◉ヴィネグレット（ロシアのポテトサラダ）

Tatiana Kling

前菜，または付け合わせ用（8～10人分）
ゆでたビーツ（ビートルート）…2本，缶詰でも可，さいの目切りにする
ゆでたジャガイモ…4個，さいの目切りにする
ディル・ピクルス*…2個，さいの目切りにする
マヨネーズ…60ml，または油大さじ1
塩・コショウ…お好みで
ディルの枝…1本
エシャロット…2本，小口切りにする
卵…2個，固ゆでにして細かく刻む
*ディルハーブの風味をきかせたキュウリのピクルス

1. ビーツ，ジャガイモ，ディル・ピクルスを大きなボールで混ぜて，マヨネーズ，または油をからめる。
2. 塩・コショウをお好みでふり，刻んだディルとエシャロット，もしくはそのどちらかを加える。
3. よく混ぜて皿によそい，30分ほど冷蔵する。
4. 食卓に出す直前に刻んだ卵を散らして。

◉ジャガイモとキノコのスープ

Tatiana Kling

（6人分）
油，マーガリン，もしくはバター…大さじ4

タマネギ…中 1 個，みじん切りにする
ニンジン…1 本，さいの目切りにする
ジャガイモ…900*g*，皮をむいてさいの目切りにする
チキン，もしくは野菜のブイヨン…1400*ml*
塩…小さじ 1
ベイリーフ…1 枚
乾燥パセリ…小さじ 1
乾燥ディル…小さじ 1（お好みで）
コショウ…お好みで
サワークリーム…120*ml*
キノコ…450*g*，スライスする
飾り用のディル

1. 大きめの鍋に油，マーガリン，もしくはバターの半量を入れて加熱する。
2. タマネギとニンジンを加え，タマネギが透明になるまで 5〜6 分加熱する。
3. ジャガイモとブイヨンを加える。
4. 塩，ベイリーフ，乾燥パセリ，乾燥ディル，コショウを加える。
5. 蓋をして，約 20 分間，ジャガイモが柔らかくなるまで加熱する。
6. ベイリーフを取り出す。
7. ジャガイモ 1 カップ分を取り出し，裏ごしして，鍋に戻してよくかき混ぜる。
8. サワークリームを加えてかき混ぜる。
9. 残りの油，マーガリン，もしくはバターで，キノコを炒める。うっすら焼き色がつき，パリッとするまで。
10. 飾り用のキノコ少々を取り分け，残りのキノコをスープに入れてよくかき混ぜる。
11. 皿にスープをよそい分けてから，小さなディルの枝（もしくは刻んだディル）とキノコを飾る。

◉ジャガイモとニシンの「トルテ」

前菜にぴったりの料理。層状に重ねた料理が美しく見えるように透明なガラスのボールか小さな皿によそう。Tatiana Kling

ゆでたジャガイモ…5 個，さいの目切にする
酢漬けニシンの切り身…4 枚，刻む
タマネギ…小 ½ 個，みじん切りにしたものを半分ずつに分ける
ゆでたビーツ…スライスする。缶詰でも可
ニンジン…2 本，おろす
エシャロット…3 本，みじん切りにして 3 つに分ける
卵…4 個，固くゆでて刻む
マヨネーズ…大さじ 2，半分ずつに分ける
塩・コショウ…お好みで

1. 調理用ボールに，ゆでたジャガイモ，マヨネーズ大さじ 1，刻んだタマネギ半量を入れて混ぜる。お好みで塩・コショウをふる。
2. 1 をガラスのボール，もしくは皿によそう。
3. 刻んだニシン，刻んだタマネギの残りを混ぜて，2 の上によそう。
4. スライスしたビーツを，エシャロット ⅓ と混ぜ，3 の上によそう。
5. おろしたニンジンを，エシャロット

⅓と混ぜて，4の上によそう。
6. 刻んだ卵とマヨネーズ大さじ1を混ぜて，5の上によそう。
7. 残りのエシャロットを「トルテ」のいちばん上に載せる。
8. 1時間冷蔵庫で冷やしてから供する。

注

(1) 最新の証拠によると，人類はさらに数万年前からアメリカに定住していたらしい。

(2) *True Gentleman's Delight* は，Thomas Wright, *Dictionary of Obsolete and Provincial English*, 2 vols (London, 1857), vol. ii, p. 758. の引用による。

(3) William Salmon, *The Family Dictionary, or Household Companion* (London, 1695), p. 295.

(4) ドイツにおける初期のジャガイモ栽培については，ユストゥス・リービッヒ大学ドイツ学研究所トーマス・グローニング博士にご教示いただいた。

(5) Benjamin, Graf von Rumford, 'Essay of Food and Particularly on Feeding the Poor', *Essays, Political, Economical and Philosophical*, 3 vols (London, 1796).

(6) Benjamin, Graf von Rumford, *The Complete Works of Count Rumford*, 5 vols (London, 1876), vol. v, p. 486.

(7) Richard Bradley, *Two New and Curious Essays . . . To Which Is Annexed, the Various Ways of Preparing and Dressing Potatoes for the Table* (London, 1732), p. 62.

(8) Benjamin, Graf von Rumford, 'Essay of Food and Particularly on Feeding the Poor', p. 125.

(9) 同上 p. 126.

(10) William Ellis, *The Modern Husbandman, Or, the Practice of Farming*, vol. iii (July-Sept.) (London, 1744), p. 119.

(11) インド料理のレシピについては，*Menus and Memories from Punjab: Meals to Nourish Body and Soul* (New York, 2009) の著者ベロニカ・シドゥーとフード・ライターで編集者でもあるセジャル・スハドワラにご教示いただいた。

アンドルー・F・スミス（Andrew F. Smith）
「食」の専門家。ニューヨーク市ニュースクール大学で食の歴史に関する講義を行なっている。『ジャンクフード，ファストフード辞典 *The Encyclopedia of Junk Food and Fast Food*』（2006 年），『ハンバーガーの歴史』（邦訳：小巻靖子訳／スペースシャワーネットワーク／ 2011 年）など多数の著書がある。Reaktion Books から刊行中の The Edible Series の総編集者。食に関する多数の協会，会合を主催するなど精力的に活動中。

竹田円（たけだ・まどか）
東京大学大学院人文社会系研究科修士課程修了。専攻はスラヴ文学。訳書に『アイスクリームの歴史物語』『パイの歴史物語』『カレーの歴史』『お茶の歴史』『スパイスの歴史』（以上原書房），『女の子脳男の子脳——神経科学から見る子どもの育て方』（NHK 出版)。翻訳協力多数。

「食《しょく》」の図書館《としょかん》

ジャガイモの歴史《れきし》

●

2014年6月27日　第1刷

著者……………アンドルー・F・スミス
訳者……………竹田《たけだ》 円《まどか》
装幀……………佐々木正見
発行者……………成瀬雅人
発行所……………株式会社原書房

〒160-0022 東京都新宿区新宿 1-25-13
電話・代表 03(3354)0685
振替・00150-6-151594
http://www.harashobo.co.jp

本文組版……………有限会社一企画
印刷……………シナノ印刷株式会社
製本……………東京美術紙工協業組合

ISBN 978-4-562-05068-0, Printed in Japan

《「食」の図書館》

パンの歴史

ウィリアム・ルーベル
堤理華訳

ふんわり／ずっしり。丸い／四角い／平たい。変幻自在のパンには、よりよい食と暮らしを追い求めてきた人類の歴史がつまっている。多くのカラー図版で読み解く、人とパンの６千年の物語。世界中のパンで作るレシピ付。２０００円

（価格は税別）

《「食」の図書館》

キノコの歴史

シンシア・D・バーテルセン
関根光宏訳

「神の食べもの」と呼ばれる一方「悪魔の食べもの」とも言われてきたキノコ。キノコ自体の平易な解説はもちろん、採集・食べ方・保存、毒殺と中毒、宗教と幻覚、現代のキノコ産業についてまで述べた、キノコと人間の文化の歴史。

２０００円

（価格は税別）

《「食」の図書館》

お茶の歴史

ヘレン・サベリ
竹田円訳

中国、イギリス、インドの緑茶や紅茶の歴史だけでなく、中央アジア、ロシア、トルコ、アフリカのお茶についても述べた、まさに「お茶の世界史」。日本茶、プラントハンター、ティーバッグ誕生秘話など、楽しい話題もいっぱい。

２０００円

（価格は税別）

《「食」の図書館》

スパイスの歴史

フレッド・ツァラ
竹田円訳

シナモン、コショウ、トウガラシなど5つの最重要スパイスに注目し、古代～大航海時代～現代まで、食を始め、経済、戦争、科学など世界を動かす原動力としてのスパイスのドラマチックな歴史を平易に描く。カラー図版多数。

2000円

（価格は税別）

《「食」の図書館》

ミルクの歴史

ハンナ・ヴェルテン

堤理華訳

白くて甘い苦労人——。おいしいミルクには実は波瀾万丈の歴史があった。古代の搾乳法から美と健康の妙薬と珍重された時代、危険な「毒」と化したミルク産業誕生期の負の歴史、今日の隆盛まで、人間とミルクの営みをグローバルに描く。

2000円

（価格は税別）

ケーキの歴史物語 《お菓子の図書館》
ニコラ・ハンブル／堤理華訳

ケーキって一体なに？ いつ頃どこで生まれた？ フランスは豪華でイギリスは地味なのはなぜ？ 始まり、作り方と食べ方の変遷、文化や社会との意外な関係など、実は奥深いケーキの歴史を楽しく説き明かす。 2000円

アイスクリームの歴史物語 《お菓子の図書館》
ローラ・ワイス／竹田円訳

アイスクリームの歴史は、多くの努力といくつかの素敵な偶然で出来ている。「超ぜいたく品」から大量消費社会に至るまで、コーンの誕生と影響力など、誰も知らないトリビアが盛りだくさんの楽しい本。 2000円

チョコレートの歴史物語 《お菓子の図書館》
サラ・モス、アレクサンダー・バデノック／堤理華訳

マヤ、アステカなどのメソアメリカで「神への捧げ物」だったカカオが、世界中を魅了するチョコレートになるまでの激動の歴史。原産地搾取という「負」の歴史、企業のイメージ戦略などについても言及。 2000円

パイの歴史物語 《お菓子の図書館》
ジャネット・クラークソン／竹田円訳

サクサクのパイは、昔は中身を保存・運搬するただの入れ物だった!? 中身を真空パックする実用料理だったパイが、芸術的なまでに進化する驚きの歴史。パイにこめられた庶民の知恵と工夫をお読みあれ。 2000円

パンケーキの歴史物語 《お菓子の図書館》
ケン・アルバーラ／関根光宏訳

甘くてしょっぱくて、素朴でゴージャス――変幻自在なパンケーキの意外に奥深い歴史。あっと驚く作り方・食べ方から、社会や文化、芸術との関係まで、パンケーキの楽しいエピソードが満載。レシピ付。 2000円

（価格は税別）

ワインの世界史　海を渡ったワインの秘密

ジャン＝ロベール・ピット／幸田礼雅訳

聖書の物語、詩人・知識人の含蓄のある言葉、またワイン文化にはイギリスが深くかかわっているなどの興味深い挿話をまじえながら、世界中に広がるワインの魅力と壮大な歴史を描く。　３２００円

パスタの歴史

S・セルヴェンティ、F・サバン／飯塚茂雄、小矢島聡監修／清水由貴子訳

古今東西の食卓で最も親しまれている食品、パスタ。イタリアパスタの歴史をたどりながら、工場生産された乾燥パスタと、生パスタである中国麺との比較を行いながら、「世界食」の文化を掘り下げていく。　３８００円

世界食物百科　起源・歴史・文化・料理・シンボル

マグロンヌ・トゥーサン＝サマ／玉村豊男監訳

古今東西、文化と料理の華麗なる饗宴。全世界を舞台に繰り広げられたきた人類と食文化の歴史を、様々なエピソードと共に綴った百科全書。図版百点。推薦――石毛直道氏、樺山紘一氏、服部幸應氏他。　９５００円

図説　朝食の歴史

アンドリュー・ドルビー／大山晶訳

世界中の朝食に関する書物を収集、朝食の歴史と人間が織りなす物語を読み解く。面白く、ためになり、おなかがすくこと請け合いの本。朝食は一日の中で最上の食事だということを納得させてくれる。　２８００円

シャーロック・ホームズと見る　ヴィクトリア朝英国の食卓と生活

関矢悦子

玉焼きじゃないハムエッグや定番の燻製ニシン、各種お茶にアルコールの数々、面倒な結婚手続きから使用人事情、やっぱり揉めてる遺産相続まで、あの時代の市民生活をホームズ物語とともに調べてみました。　２４００円

（価格は税別）